Karl Pieber / Peter Modl

Spalierobst

für Mauer, Hecke, Pergola …

Anlegen
Formen
Pflegen

Leopold Stocker Verlag
Graz – Stuttgart

Umschlaggestaltung, Layout und Repro:
DSR Werbeagentur Rypka GmbH, 8143 Dobl, www.rypka.at
Titelbild: Prof. Karl Pieber

Bildnachweis: Grafiken: Martina Maria Schmitt, Wien; Lothar Wurm (S. 121 u.); Manfred Putz (S. 14); Gärtner STARKL (S. 131 m., 132 u., 133, 134 u., 135 o.), Baumschule Jäger (S. 131 o., 131 u.), Mag. Wolfgang Dvorak-Stocker (S. 13, 15, 62, 65).
Die übrigen Abbildungen wurden freundlicherweise von den Autoren zur Verfügung gestellt.

Bibliografische Information der Deutschen Nationalbibliothek
Die Deutsche Nationalbibliothek verzeichnet diese Publikation in der Deutschen Nationalbibliografie; detaillierte bibliografische Daten sind im Internet unter http://dnb.d-nb.de abrufbar.

Hinweis: Dieses Buch wurde auf chlorfrei gebleichtem Papier gedruckt. Die zum Schutz vor Verschmutzung verwendete Einschweißfolie ist aus Polyethylen chlor- und schwefelfrei hergestellt. Diese umweltfreundliche Folie verhält sich grundwasserneutral, ist voll recyclingfähig und verbrennt in Müllverbrennungsanlagen völlig ungiftig.

Auf Wunsch senden wir Ihnen gerne kostenlos unser Verlagsverzeichnis zu:
Leopold Stocker Verlag GmbH
Hofgasse 5 / Postfach 438
A-8011 Graz
Tel.: +43 (0)316/82 16 36
Fax: +43 (0)316/83 56 12
E-Mail: stocker-verlag@stocker-verlag.com
www.stocker-verlag.com

ISBN 978-3-7020-1308-0

Inhalt

Einleitung

In den letzten Jahren ist der Wunsch der Menschen nach Gestaltung des eigenen Gartens wieder etwas stärker in den Vordergrund gerückt. Für den Einzelnen eröffnet sich damit wohl auch die Möglichkeit, die eigene und direkt erlebbare Umwelt durch verschiedene Maßnahmen selbst zu gestalten und immer wieder neu zu kreieren. Vielfach wird er sich dabei nach schon Bewährtem oder Bekanntem richten, trotzdem sind dabei der eigenen Phantasie kaum Grenzen gesetzt. Letztlich entscheidet natürlich die jeweils vorliegende Situation, was im Einzelnen möglich ist und wie es realisiert werden kann, damit sich auch ein Erfolg einstellen kann.

Bei allem Drang zum „Formen" sollte aber nie die „Natürlichkeit" der jeweiligen Pflanzen außer Acht gelassen und eher immer solche Formen und Eingriffe gewählt werden, die auch der natürlichen Entwicklung der verwendeten Pflanzen entsprechen. Dann können solche Formen, wie sie etwa z. B. im Spalierobstbau herangebildet werden, nicht nur der Zierde dienen, sondern auch Nutzen bringen.

Ein durch entsprechende Formschnitte wohlgestalteter Innenhof eines Landschlosses

Der noch nicht so geschulte Hobbygärtner ist dabei gut beraten, sich vorerst mehr an Bewährtem zu orientieren, um sich den Einstieg in dieses Thema zu erleichtern. Mit zunehmender Sicherheit und nach dem Einstellen gewisser Erfolge sind später den eigenen Möglichkeiten fast keine Grenzen mehr gesetzt.

Sehr hilfreich ist natürlich auch die Teilnahme an verschiedenen Schnittkursen, in denen grundlegende Regeln erlernt werden, die dann im eigenen Bereich umgesetzt werden können.

Ganz neu sind die Versuche, Pflanzen in bestimmte Formen zu bringen, nicht. Wenn man der Geschichte glauben darf, haben sowohl die Griechen als auch die Römer und sicher auch noch andere Völker versucht, verschiedene Garten- und Zierpflanzen, wie z. B. Zypressen oder auch den bei uns heimischen Buchsbaum, in verschiedene Formen (z. B. geometrische oder Tierformen) zu gestalten. In Europa blieb es aber der Barockzeit (etwa ab dem 16. und 17. Jahrhundert) vorbehalten, eine neue Gartengestaltung mit all den vielfältigen Facetten zu entwickeln. Man begnügte sich dabei nicht nur damit, ebene Gärten oder Terrassen anzulegen, Wasserbecken und Kanäle zu installieren oder geschwungene bzw. schnurgerade Wege anzulegen, sondern es wurde auch jeder Baum oder jeder Strauch, praktisch die gesamte lebende Natur solcher Gärten in bestimmte künstliche Formen gepresst.

Fertig gezogene Schnurbäume in einem Apfelgarten

Wenn auch die Gestaltung heute deutlich andere Wege geht, so hat sich die Neigung, Bäume und Sträucher fallweise zu besonderen Formen heranzuziehen, doch bis heute erhalten. Heute spielt aber sicher auch ein gewisses wirtschaftliches Interesse mit.

Letztlich waren es auch die im Formobstbau dargestellten kleineren Kronenformen, die den Ausgangspunkt und die Grundlage für den heutigen intensiven Obstbau darstellen.

Gerade die Erfahrungen des Spalierobstbaues mit der Verwendung schwächer wüchsiger Unterlagen lieferten vielfach erst jene Grundlagen für den Einsatz im heutigen Intensivobstbau und für die Erziehung geeigneter neuer Kronenformen (Schlanke Spindel, Superspindel etc.).

Bedeutung und Vorteile des Spalierobstbaues

Durch den heute bereits bei vielen Obstarten möglichen Einsatz schwächer wachsender Unterlagen haben sich auch für kleinere Gärten viele neue Einsatzmöglichkeiten ergeben. Erfreulicherweise beziehen viele Gartengestalter auch wieder Hecken, Wandspaliere und sogar Laubengänge mit verschiedensten Pflanzenarten in ihre Gestaltungen mit ein.

Einerseits stellt so eine spezielle Formgebung, besonders bei Obstbäumen, doch eine gewisse Herausforderung an den interessierten Hobbygärtner dar, zum anderen bieten derartige Formen aber auch durchaus einige Vorteile für den Anwender.

Ein schattiger Bogengang führt in ein weiteres Gartenabteil.

Besondere Bedeutung haben dabei sicher Wandspaliere, die vor allem geeignet sind, kahle Wand- und Mauerflächen abzudecken. Durch die Umrankung von Türen und Fenstern kann verschiedenen Gebäuden außerdem ein gefälligeres Aussehen verliehen werden. Durch die Pflanzung an wärmespendenden Mauern oder Wandflächen können aber auch noch in klimatisch nicht mehr so günstigen Gegenden edlere Obstarten zu ausreichender Reife gebracht werden.

Durch die Pflanzung an wärmen Mauern werden edle Obstarten zur Reifung gebracht.

Bei entsprechender Obstarten- und -sortenwahl ist es möglich, auch mit derartigen eher naturentfernten (also künstlichen) Kronen Tafelobst in ausgezeichneter Qualität zu produzieren. Eine fach- und sachgerechte Pflege der Pflanzen ist für den Erfolg natürlich Voraussetzung.

Meist steht in den Gärten vor allem Fläche nicht unbegrenzt zur Verfügung. Durch den Einsatz kleiner, speziell adaptierter Baum- und Kronenformen wird es aber möglich, verschiedenste Obstarten auf relativ engem Raum zu pflanzen.

Die verschiedenen Erziehungsformen gestatten die Ausnützung auch noch relativ kleiner Boden- bzw. Wandflächen.

Auch auf schlanken Schnurbäumen wächst eine aus-gezeichnete Fruchtqualität.

Ungünstige Witterungsverhältnisse (wie Hagel, Wind etc.) haben außerdem auf Zwergbäume weniger Einfluss als auf sehr große Bäume. Das bedeutet in der Regel einen früheren Ertragsbeginn und einen regelmäßigeren jährlichen Ansatz.

Auch die großteils leicht durchzuführenden Bekämpfungsmaßnahmen gegen pflanzliche und tierische Schädlinge sowie die Möglichkeit einer effektiven Frostabwehr zur Blütezeit schaffen auch im Spalierobstbau die Voraussetzungen, Obst mit bester Qualität zu produzieren. Für den großen Obstliebhaber bietet sich außerdem die Möglichkeit, durch das Anpflanzen bzw. Umveredeln verschiedener Sorten auf kleinster Fläche eigene Sortenstudien zu betreiben.

Für einen vollen Erfolg ist es aber wohl notwendig, das Wachstumsverhalten bzw. das Fruchtungsverhalten der jeweilig verwendeten Obstart genau zu kennen.

Für Neueinsteiger ist es sicher vernünftiger, mit einfacheren Formen zu beginnen und sich das notwendige Wissen zusätzlich auch im praktischen Einsatz anzueignen. Diese damit erworbenen Erfahrungen helfen auch später bei der Sorten- und Unterlagenauswahl.

Einige grundsätzliche Hinweise

Ein interessierter Hobbygärtner oder Obstliebhaber wird auch in klimatisch nicht mehr so günstigen Lagen versuchen, Obst oder auch andere Produkte in noch möglichst hoher Qualität zu produzieren. Bei Obst wird das in vielen Fällen vor allem mit früher reifenden Sorten und auch mit freistehenden Bäumen noch einigermaßen gelingen, bei den anspruchsvolleren Obstarten und -sorten (wie z. B. später reifende Herbst- und Winterbirnen, empfindlichere Apfelsorten, aber vor allem die diversen Steinobstarten) wird man vergeblich auf entsprechende Ernten hoffen. Die ansonsten edlen Sorten bleiben so oft in der Entwicklung zurück, bringen auch bei voller Reife wenig Farbe und Geschmack und sind außerdem weniger haltbar.

Stehen in solchen Gärten jedoch geschützte Wand-, Haus- oder Mauerflächen zur Verfügung, ist es durchaus möglich, auch unter ungünstigeren Produktionsbedingungen entsprechend gute Obsternten zu erreichen.

Gerade die Kultur von Pfirsichen und Marillen ist in solchen Gegenden praktisch nicht mehr möglich, da sowohl das Holz als auch die Knospen bei freistehenden Bäumen durch tiefe Wintertemperaturen oft in Mitleidenschaft gezogen werden und die frühe Blüte in der Regel durch Spätfröste vernichtet wird. Schützende Wände können hier wahre Wunder vollbringen.

Auch Weintraubenkulturen mit früher reifenden Sorten bringen an sonnigen, nach Süden oder Südwesten ausgerichteten Wänden auch im Nichtweinklima noch durchaus brauchbare Traubenernten. Feigenbäume, die ja eher im südlichen Europa beheimatet sind, benötigen in unseren Klimaten unbedingt einen Winterschutz. An warmen sonnigen Südwänden gezogen, kann man aber auch bei dieser Pflanze noch mit nennenswerten Ernten rechnen.

Bevor man also mit der Bepflanzung einer Hauswand oder Mauerfläche beginnt, sollte daher die geeignete Obstart bzw. -sorte und auch die passende Baumform (Erziehungsform) festgelegt werden.

> Es ist zwar möglich, praktisch jede Wandfläche zu bepflanzen, aber nicht alle Obstarten bzw. -sorten gedeihen an jeder Haus- oder Mauerfläche gleich gut.

Ein Übermaß an Sonne kann den Wuchs negativ beeinflussen.

Von besonderer Wichtigkeit sind dabei sicherlich die jeweiligen Himmelsrichtungen, die die diversen Wandflächen einnehmen. Warme Temperaturen sind natürlich günstig, aber ein Übermaß an Sonnenwärme (Sonneneinstrahlung) kann bestimmte Obstarten im Wuchs- und Ertragsverhalten auch negativ beeinflussen. Diese Eigenheiten müssen bei der jeweils geplanten Pflanzung unbedingt berücksichtigt werden. Südseitige Wände versprechen vor allem in ungünstigen Lagen eher einen Erfolg, aber es sollten vor der Bepflanzung auch die Zwischenlagen (Südwest, Südost etc.) in Betracht gezogen werden.

Südwände in guten und sehr guten Lagen sind vor allem für die Bepflanzung von Weintrauben, edlen Birnensorten sowie diversen Steinobstarten (Marillen, Pfirsichen und Nektarinen) und geeigneten Kiwi- und evtl. Feigenarten geeignet.

> Hingegen sollte auf die Auspflanzung von Apfelsorten verzichtet werden, da die Gefahr von Sonnenbrand, aber zum Teil auch ein höherer Krankheits- und Schädlingsbefall sehr wahrscheinlich ist.

Wandspaliere können die Ansicht eines Hauses vollständig verändern.

In höheren Lagen bzw. auch in bereits weniger günstigen Lagen können dagegen aber neben noch brauchbaren Birnensorten auch bereits geeignete Apfelsorten Verwendung finden. Steinobstarten werden in solchen Klimaten, auch wenn es sich um früher reifende Sorten handelt, kaum mehr gedeihen. Neben südseitig ausgerichteten Flächen sind auch südwest- und **westseitige** Wandflächen vor allem in noch günstigen Klimaten für eine Bepflanzung sehr gut geeignet. Neben Birnen, Marillen und Äpfeln können auch durchaus Süß- und Sauerkirschen hier für eine Auspflanzung geeignet sein.

Steinobst gedeiht in höheren Lagen kaum.

In bereits weniger geeigneten höheren Lagen (> 1.000 m Seehöhe) wird man aber nur mehr mit geeigneten Apfel- und Birnensorten Erfolg haben.

Ostwände können in günstigen Klimaten für Apfel- und Birnensorten (nicht zu spät reifend), aber auch für robustere Pflaumen- und Zwetschkensorten herangezogen werden.

Nordseitig ausgerichtete Wandflächen und Mauern sind in günstigen Gebieten sicher für robustere Apfelsorten und für Schattenmorellen geeignet. Der Anbau der Roten Johannisbeeren wäre hier ebenfalls möglich.

Apfelsorten können auch an Nord-Wänden wachsen.

Ansonsten ist von einer Bepflanzung von Nordseiten prinzipiell eher abzuraten. Wichtig ist in erster Linie, dass die jeweiligen Pflanzen vor direkten Nord- und Nordostwinden geschützt sind, um vor allem Frostschäden einigermaßen einzuschränken.

Solch exakt gezogene Palmetto-Formen sind nur an dafür geeigneten Gebäudeflächen möglich.

Wandspaliere

Freie Spaliere (Obsthecken)

Laubengänge (bogenförmige oder rechteckige Pergolen)

Unterstützungs-vorrichtungen

Bei allen notwendigen Überlegungen, die im Zusammenhang mit der Anlage von Spalieren oder anderen Formen verbunden sind, kommt der zukünftigen Form der Unterstützungsvorrichtungen, die später letztlich auch die Erziehungsform der verwendeten Pflanzen mitbestimmt, große Bedeutung zu. Je nach Erfordernis und natürlich auch nach Möglichkeit wird es notwendig sein, solche Unterstützungsvorrichtungen zu wählen, die später den Gehölzen einerseits einen sicheren und festen Stand geben und andererseits auch als geeignete Formier- und Erziehungshilfen dienen können.

Da diese notwendigen Unterstützungseinrichtungen in gewisser Hinsicht und vor allem in der vegetationsfreien Zeit auch durchaus eine gewisse gestaltende Funktion übernehmen können, sollte bei der Wahl der verwendeten Materialien auch etwas auf die jeweilige Umgebung geachtet werden.

Gerade bei Wandspalieren an geeigneten Hauswänden sollte dieser Umstand unbedingt berücksichtigt werden.

Grundsätzlich kann man bei der Gerüsterstellung 3 Formengruppen unterscheiden:

- die Wandspaliere mit ihren verschiedenen Formen,
- freie Spaliere (Heckenformen)
- Pergolen (Laubengänge, Sitzplätze)

Für den Aufbau bzw. die Erstellung können die verschiedensten Materialien, wie Holz, Beton, Glastafeln oder Metall (Eisenteile, Draht etc.) verwendet werden. Bei der Verwendung von Glastafeln als Begrenzung kann z. B. der Nachteil der

Belichtung von nur einer Seite bei Haus- oder Mauerwänden durch den Wegfall der Beschattung fast gänzlich ausgeschaltet werden. Allerdings ist die Aufstellung gegenüber anderen Gerüstmaterialien doch etwas kostenintensiver.

Die notwendige Stabilität der Gerüste ergibt sich dabei aus der zu erwartenden Wuchsstärke und dem erreichbaren Ertrag.

In kühleren Gebieten können Marillen nur mehr an geschützten Wandspalieren produziert werden.

Die Haltbarkeit der Unterstützungsvorrichtungen sollte dabei so lange sichergestellt sein wie die zu erwartende Lebensdauer der verwendeten Obstgehölze bzw. der anderen verwendeten Pflanzenarten.

Wandspaliere

Solche Spaliere, die an geeigneten Haus- oder Scheunenwänden bzw. Mauerflächen stehen, sind grundsätzlich nicht unbedingt vom Vorhandensein einer Gartenfläche abhängig. In erster Linie werden sie auch ohne Vorgartenfläche errichtet, direkt am Weg oder am Rand von Hofflächen. Dabei ist aber darauf zu achten, dass die Pflanzstellen (Flächen) nicht zu klein bemessen werden (zu wenig offener Boden), da die Wurzeln dann zumindest teilweise unter versiegelte Bodenflächen ausweichen müssten. Auch eine geeignete Bodenbearbeitung, Düngung und Bewässerung ist in so einem Fall nur erschwert möglich.

Hier könnte aber eine gute Pflanzung mit entsprechender Bodenvorbereitung und die Verwendung von geeignetem Pflanzmaterial (etwas wüchsiger, kräftiger) etwaige zukünftige Nachteile auszugleichen helfen.

Richtige Montage eines Spaliergerüstes

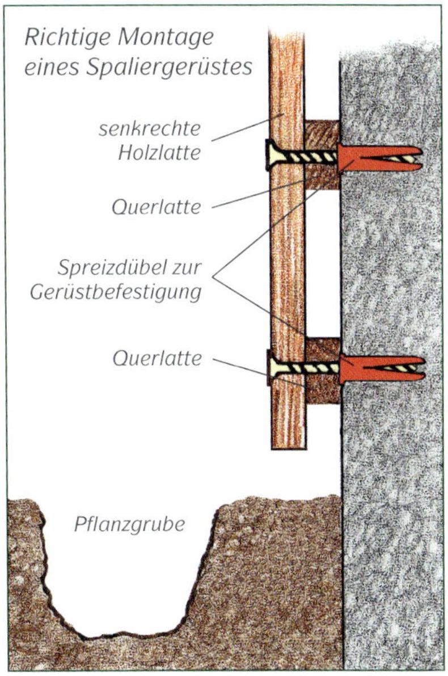

Vor der Bepflanzung ist es aber notwendig, das erforderliche Gerüst an der Wand- oder Mauerfläche aufzustellen. Bei der Montage der Latten sollte ein Mindestabstand von 10–15 cm von der Haus-(Mauer-) wand eingehalten werden. Es wäre falsch, z. B. ein Gerüst direkt an der jeweiligen Wandfläche zu befestigen, da dadurch das später notwendige Formieren und Heften der Zweige deutlich erschwert, der spätere Fruchtansatz behindert und die notwendige hintere Belüftung verschlechtert bzw. unterbunden wird. Dadurch kann natürlich auch der Befallsdruck durch Schädlinge und Krankheiten vergrößert, die dafür aber notwendigen Bekämpfungsmaßnahmen gleichzeitig erschwert werden.

Das Spaliergerüst besitzt meist zwei stärkere Querträger (bei Bedarf auch mehr), die fest an der jeweiligen Fläche befestigt werden sollen (siehe Abb. S. 17 und 18). Der entsprechende, oben angesprochene Abstand wird dabei durch geeignete Abstandshalter oder gleich durch passend dimensionierte Querträger erreicht. An den Querträgern werden dann im Abstand von 25–30 cm senkrechte Latten befestigt, die eine Lattenstärke von 25–40 mm aufweisen sollen. Die Zwischenräume zwischen den Latten richten sich in erster Linie nach den zu wählenden Baumformen (z. B. Palmetto-Formen, U-Formen, Schnurbäume) oder auch nach anderen Erziehungsformen.

Zwischenräume nach der Erziehungsform auswählen.

Fertig montiertes Wandgerüst (Lattengerüst) aus Holz

Wird beabsichtigt, nur ein eher einfaches Spalier zu errichten, kommt dem Lattenabstand keine so große Bedeutung zu. Will man allerdings z. B. eine Fächerform erziehen, wie es etwa bei diversen Steinobstarten üblich ist, dann ist der Lattenabstand unbedingt enger zu wählen (15–20 cm), da dadurch das für die Formgebung erforderliche Anheften der Zweige deutlich erleichtert wird. Weiters kann das Streichen des Gerüstes mit pflanzenverträglichen Stoffen die Haltbarkeit des Gerüstaufbaues (vor allem bei Verwendung von Holz) deutlich erhöhen. Die Farben sollten aber auf jeden Fall zur Umgebung passen.

Bei einer Fächerform ist ein geringerer Abstand zu wählen.

Bei einer einfacheren Gerüstausführung würde es fallweise auch genügen, einen Holzrahmen zu erstellen und senkrechte Drähte einzuziehen. Ein aus dünnen Eisenstäben bestehendes und in einen entsprechenden Rahmen eingepasstes Gitter könnte ebenfalls in gewissen Fällen ausreichend sein.

Die verwendeten Drähte sollten dabei aber mit Plastik ummantelt sein, da selbst verzinkter Draht nach einer gewissen Zeit, vor allem bei Verwendung schwefelhältiger Pflanzenschutzmittel, korrodiert, und dadurch später Scheuerstellen an den Zweigen bzw. sogar Bruchstellen im Gerüst entstehen können.

Freie Spaliere (Obsthecken)

Freistehende Spalierformen werden vor allem in größeren Gärten für die Teilung unterschiedlich genutzter Flächen herangezogen oder für andere Abgrenzungen eingesetzt. Gerüste für derartige Hecken lassen sich relativ einfach und billig herstellen, allerdings sollten die kleinklimatischen Bedingungen für die verwendeten Obstarten schon einigermaßen geeignet sein und auch die Windexponiertheit der in Frage kommenden Flächen nicht übermäßig groß sein.

Obsthecken werden oft für Abgrenzungen eingesetzt.

Wird trotz negativer Faktoren eine Hecke aufgestellt, muss die Verankerung des Gerüstes entsprechend stärker und stabiler ausgeführt werden.

Eine Obsthecke als Palmetto mit waagrechten Seitenästen erzogen

Um eine möglichst optimale Belichtung der Obstgehölze zu erreichen, sollten solche Spaliere, wann immer möglich, in Nord-Süd-Richtung aufgestellt werden und eine gewisse Höhe (1,8–2,20 m) nicht überschreiten. Als Beispiel wäre etwa die im Weinbau verbreitete Drahtrahmenerziehung zu nennen.

Besonders wichtig: Stabile Endsteher

Um bei solchen „Heckenspalieren" eine ausreichende Stabilität sicherzustellen, ist es vor allem wichtig, entsprechend dimensionierte, stabile Endsteher zu verwenden. Diese können z. B. aus Holz (imprägnierte Rundhölzer), aus Beton (vorgefertigte Spannbetonsäulen) oder auch aus Metall (stärkere Siederohre etc.) gefertigt sein. Da diese Endsteher natürlich am stärksten belastet werden (vor allem wenn die Hecke dann fertig aufgebaut ist), ist meist eine zusätzliche Abstützung nach innen oder eine Abspannung nach außen erforderlich. Zur Erhöhung der Stabilität sollten diese Steher auch entsprechend tief genug gesetzt (60–80 cm) bzw. bei längeren Reihen sogar in Beton eingegossen werden.

Obstheckengerüst (freies Spalier) mit einbetoniertem Rohrmaterial zur besseren Stabilität

Zur Befestigung der Drähte (2,5 mm Stärke, plastikummantelt) müssen je nach Länge der geplanten Felder in entsprechenden Abständen (2–4 m) etwas schwächere Zwischenstützen gesetzt werden. Damit wird ein Durchhängen der Drähte vermieden und später ein exakteres Formieren möglich.

> Der unterste Draht (erster) wird am besten in der Höhe der ersten Verzweigungen (nicht tiefer als 40–50 cm) geführt, die restlichen Drähte im Abstand von etwa 25–30 (40) cm darüber angeordnet.

Zur Abgrenzung kleiner Flächen sind auch einfachere Lattengerüste ausreichend.

Das Spannen der Drähte wird am besten mit den auch im Weinbau verbreiteten einfachen Drahtspannern durchgeführt. Werden zwei Drähte auf gleicher Höhe nebeneinander gespannt (Doppeldrahtrahmen) kann das spätere Formieren und Anheften der Triebe deutlich erleichtert werden (einfädeln). Die bereits genannte Gerüsthöhe von 1,8–2,2 m sollte demnach nicht überschritten werden, um sicherzustellen, dass alle erforderlichen Schnitt- und Pflegearbeiten vom Boden aus erfolgen können. Gerüste mit Doppeldrähten sind vor allem für die Erstellung von Weinhecken und für Beerenobst sehr gut geeignet.

Steht genügend Holz zur Verfügung, kann der Heckenaufbau auch als Lattenkonstruktion ausgeführt werden, wobei die dünnen Latten vertikal an einem massiveren Grundgerüst befestigt werden. Meist ist es dann nicht notwendig, außer den beiden tragenden Querlatten noch weitere etwas schwächere Latten zu montieren.

> Ist geplant, mehrere Reihen nebeneinanderzustellen, ist wegen der möglichen Beschattung ein entsprechender Abstand einzuplanen.

Winschutzwirkung für niedere Gemüsekulturen

Für niedrigere Gemüse- oder Erdbeerkulturen im Garten kann sich die mit einer Hecke erreichte Windschutzwirkung durchaus positiv auf die Entwicklung auswirken. Als Erziehungsformen können die verschiedenen Palmetto-Formen, Y-Formen, die Schräge Hecke oder auch die Spindelhecke und unregelmäßige Fächerformen verwendet werden. Praktisch lassen sich die meisten Obstarten in verschiedene Längskronenformen erziehen. Auch mit anderen Pflanzen können natürlich solche freistehenden Spaliere herangezogen werden wie z. B. mit Rugosa-Rosen, Deutzien oder Berberisarten. In den meisten Fällen ist bei entsprechenden Schnittmaßnahmen dann nur ein leichtes oder überhaupt kein Gerüst erforderlich.

Laubengänge (bogenförmige oder rechteckige Pergolen)

Bei einer Neuanlage eines Garteneingangbereiches oder eines Laubenganges hat man allgemein zuerst meist verschiedene Kletter- oder Schlingpflanzen (vor allem Rosen, Waldreben etc.) im Auge, in erster Linie aber keine Obstbäume, obwohl in einem solchen Fall das Angenehme mit dem Nützlichen verbunden werden kann. Blüten im Frühjahr, grünes Laub im Sommer und Früchte verschiedenster Färbung im Herbst könnten aber doch Anreiz genug sein, es einmal anders zu versuchen.

Pergolen können, je nach dem geplanten Zweck oder den möglichen Platzverhältnissen, sehr unterschiedlich gestaltet werden. Sehr einladend und dekorativ

Einreihige Pergola mit Betonfundamenten

Rechteckige Pergola

kann eine schmälere Form über einem Garteneingang wirken, aber wenn es die Größe des Gartens erlaubt, können auch größere, rundgebogene Formen oder längere Bogengänge gestaltet werden.

Für einen Laubengang ist eine sonnige, freie Lage, die möglichst unbeschattet ist von größeren, älteren Bäumen, längerfristig unbedingt erforderlich.

Zwecks der besseren Belichtung sollte bei der Aufstellung des Laubenganges, wenn möglich, ebenfalls eine Nord-Süd-Richtung gewählt werden. Von Beginn an sollte außerdem eine stabile, dauerhafte Stützvorrichtung eingeplant werden, da in späterer Folge, vor allem bei den Kernobstgehölzen, im oberen Teil eine höhere Belastung durch die Früchte zum Tragen kommt. Vor allem bei waagrecht liegenden Holzteilen ist deshalb eine entsprechende Stärke der Holzelemente bzw. auch der notwendigen Stützelemente notwendig.

Als Materialien werden vor allem massives Kantholz, Eisenrohre oder andere geeignete Formstücke mit entsprechender Drahtverspannung (bei Bogengängen), aber auch Holzmaterialien (z. B. für den Garteneingangsbereich) verwendet. Vorbereitete Betonfundamente mit entsprechend angeordneten Anbindungsmöglichkeiten für tragende Holz- oder Metallelemente helfen dabei, die Lebensdauer der Steher zu verlängern.

Im einfachsten Fall könnten Sie aber auch mit längeren Weidenruten dachförmige Gerüstkanten erbauen. Mit entsprechenden rankenden Gewächsen (wie z. B. Kiwi, Wein oder anderen rankenden Pflanzen) ist später dadurch auch eine gewisse Fixierung und Stabilisierung dieser Unterstützung zu erreichen. Einen Laubengang aus Obstgehölzen (in Frage kommen in erster Linie Apfel oder Birne) kann man ebenfalls relativ einfach aufbauen, indem man Bäume der genannten Obstarten z. B. als Schnurbäume in 2 Reihen über vorbereitete Bögen oder entlang von Drähten zieht und die Spitzen oben zusammenstoßen lässt.

Günstigerweise sollten, sofern für andere Bäume kein Platz mehr vorhanden ist, geeignete Befruchtungspartner bei der Pflanzung gleich integriert werden.

Mit einer Anzahl von Bögen lassen sich entsprechend den Platzverhältnissen kürzere oder längere Laubengänge gestalten. Weniger dicht entwickeln sich solche Formen, wenn auf beiden Seiten z. B. vielarmige Spalierbäume (waagrechte Palmettoformen) eingesetzt werden (siehe Abb.). Pergolen kommen aber sicher nur in Gärten mit entsprechend großem Platzangebot entsprechend zur Wirkung.

Einfach gestaltete Pergola mit Rundhölzern für einen Laubengang aus Weinreben (oben)
Gestaltung eines Garteneingangs mit Schlingrosen (unten)

Pflanzung

Durchführung der Pflanzung

Der Pflanzzeitpunkt der Obstgehölze hängt zu einem nicht unerheblichen Teil vom Standort und von der jeweiligen Obstart ab. Manchmal, so scheint es, wird allerdings der Frage, ob im Herbst oder im Frühjahr gepflanzt werden soll, fast zu große Bedeutung beigemessen. In erster Linie kommt es aber wohl darauf an, wie und nicht so sehr wann gepflanzt wird.

> Grundsätzlich kann angemerkt werden, dass zum Herbsttermin gepflanzte Bäume oder Sträucher von Oktober bis Frostbeginn im darauf folgenden Frühjahr besser antreiben, da bei Bodentemperaturen von $> 0\,°C$ im Herbst noch ein teilweises Einwurzeln erfolgt.

Auch eine ausreichende Wasserversorgung für eine Wurzelneubildung ist im Herbst eher gegeben. Wird dagegen erst im Frühjahr von März bis Anfang Mai gepflanzt und folgt im Anschluss eine Trockenperiode, so kann es zu einem Wachstumsschock kommen, der das ganze Jahr über anhalten kann. Händisches Gießen kann zwar helfen, aber ersetzt die natürlichen Niederschläge nur schwer.

Unter den in unseren Breiten verwendeten Obstgehölzen befinden sich allerdings einige Arten, die aufgrund ihrer Herkunft frostanfälliger sind und sich bei der Herbstpflanzung meist nicht mehr einwurzeln. Zu diesen Gehölzen zählen Pfirsiche und Nektarinen, Marillen, Kiwis und Brombeeren. Durch das Fehlen von neugebildeten, aufnahmefähigen weißen Wurzeln können diese Obstarten neben Frostschäden an ober- und unterirdischen Teilen auch irreversible Trockenschäden erleiden und sind dann im Frühjahr nicht mehr in der Lage auszutreiben. Bei diesen Pflanzen ist es daher günstiger, eine Frühjahrspflanzung durchzuführen. Liegen sehr kompakte feuchte, kalte Böden vor, ist ebenfalls eine Frühjahrspflanzung günstiger.

Pflanzfertiger, zweijähriger Apfelbaum im Container als Palmetto mit schrägen Seitenästen erzogen.

Containerpflanzen, die heute bereits in großer Zahl angeboten werden, können unabhängig von der Jahreszeit, also ganzjährig, ausgepflanzt werden.

Durchführung der Pflanzung

Man kann nicht oft genug darauf hinweisen, dass Obstgehölze in der Regel über einen längeren Zeitraum an den für sie vorgesehenen Standorten verbleiben.

Einmal gemachte Fehler lassen sich daher in den meisten Fällen nur sehr schwer oder überhaupt nicht mehr korrigieren. Daher sollten die vorgesehenen Pflanzungen genau überlegt und geplant werden.

Sehr empfehlenswert wäre es auch, sich vor einer Pflanzung vor allem über den pH-Wert des Bodens im eigenen Garten zu informieren. Bei zu hohen Ca-Werten im Boden müssten sonst für einige empfindliche Obstarten (wie z. B. Quitten, Pfirsiche etc.) Vorkehrungen getroffen werden. Für die Feststellung des pH-Wertes gibt es heute bereits einige einfache Testmöglichkeiten (z. B. pH-Indikatoren).

Ist die Bepflanzung einer größeren Fläche geplant, wäre es auch angebracht, sich über die jeweilige Nährstoffbilanz des vorliegenden Bodens zu informieren. Vor allem wichtig sind dabei die etwas schwerer im Boden beweglichen Hauptnährstoffe Phosphor, Kalium und Calcium. Festgestellte Mängel sind zu diesem Zeitpunkt noch leichter durch eine entsprechende Vorratsdüngung auszugleichen. Entsprechende Daten dazu sind aus den Ergebnissen der Bodenuntersuchung abzulesen.

Pflanzgrube

Größe der Pflanzgrube dem Wurzelballen anpassen!

Die Größe der Pflanzgrube kann bei geeigneten Bodenverhältnissen der Größe des Wurzelballens angepasst sein, besonders wenn der Boden vorher bereits gelockert worden ist. Wird aber beabsichtigt, nur einen Baum bzw. nur einzelne Gehölze zu pflanzen (etwa bei der Anlage von einem Wandspalier) so sollte ein Pflanzloch ausgehoben werden, das dem Baum in den ersten Jahren eine möglichst optimale Entwicklung garantiert.

Ein Auswechseln oder zumindest Einmischen von guter Kompost- oder anderer geeigneter Pflanzerde kann das spätere Wachstum deutlich positiv beeinflussen.

Der Durchmesser der Pflanzgrube kann dabei bis zu einem Meter betragen, die Tiefe etwa 60–80 cm. In einer eher größeren Grube könnte auch ein vielleicht notwendiges Wühlmausgitter leichter untergebracht werden.

Ist die Kulturschicht (tätiger, lebender Boden) nicht tiefgründig genug (< 40 cm), dann sollten die Pflanzen nicht in die ungeeigneten Bodenschichten versenkt werden. In solchen Fällen ist es günstiger, durch eine Aufschüttung eine Hügelpflanzung durchzuführen. Nach dem Einwurzeln der Pflanzen können derartige Hügel sogar wieder etwas abgeflacht und dem übrigen Gartenniveau angeglichen werden.

Einsetzen der Pflanzen

Vor der Pflanzung wird die Pflanze, sofern es notwendig erscheint, einige Zeit in Wasser oder flüssigen Lehmbrei gestellt. Bei Steinobst sollten dabei 6–8 Stunden nicht überschritten werden. Dieses Hineinstellen hilft den Wurzeln, ihren durch das Ausgraben entstandenen Wasserverlust (nackte Wurzeln) wieder aufzufüllen.

Beim Wurzelschnitt sollten nur die beim Roden verletzten Teile entfernt bzw. ausgefranste Wurzelenden glatt geschnitten werden.

> Wichtig ist außerdem auch, etwas ausgehobenes Bodenmaterial miteinzumischen. Dadurch kann es beim späteren Ausbreiten der Wurzeln, auch über die Pflanzgrube hinaus, zu keinem Wachstumsschock kommen.

Die tätige Humusschicht sollte etwa 35–40 cm tief reichen.

Die Veredlungsstelle am Wurzelhals muss mindestens 5–10 cm über dem Niveau bleiben.

Gut ausgebildete, kräftige und gesunde Wurzeln sind die Vorausetzung für ein rasches Anwachsen.

Auch ein entsprechendes Lockern des Bodens der vorbereiteten Pflanzgrube hilft der Pflanze später, sich besser zu entwickeln.

Da die Gehölze im Spalierobstbau meist später an Gerüsten gezogen werden, ist die Verwendung von Pflanzpfählen meist nicht erforderlich. Bei der Pflanzung ist außerdem darauf zu achten, dass sich, vor allem bei den Obstgehölzen, die Veredlungsstelle ca. 5–10 cm über der Niveauoberfläche befindet. Darauf sollte besonders bei wurzelhalsveredelten Pflanzen (Okulationen) geachtet werden. Gerät die Veredlungsstelle nämlich unter die Erdoberfläche, kann sich die Edelsorte „freimachen“ (d. h. eigene Wurzeln bilden) und somit gewisse Eigenschaften der Unterlage (z. B. Schwachwüchsigkeit) verloren gehen.

Beim Auffüllen der Pflanzgrube ist außerdem genau darauf zu achten, dass das lockere, feinkrümelige Erdmaterial vor allem im Bereich der Wurzeln zu liegen kommt, um einen guten Bodenschluss zwischen der Erde und den Wurzeln sicherzustellen. Man kann den Baum beim Einfüllen auch

leicht hin und her bzw. auf und nieder bewegen, um das Entstehen von Hohlräumen zwischen den Wurzeln zu verhindern. Auch ein immer wieder regelmäßiges Andrücken während des Pflanzvorganges vermindert das später auftretende „Setzen" des Baumes.

Mit dem restlichen Auffüllen der Pflanzgrube und der Erstellung eines Gießrandes wird die Pflanzung abgeschlossen. Durch das Angießen der Pflanzen werden schließlich noch vorhandene Hohlräume an den Wurzeln eingeschlemmt und damit ein ausreichender Boden-Wurzel-Kontakt sichergestellt. Um die Pflanzstelle vor dem Austrocknen zu schützen, könnte die Baumscheibe zuletzt mit organischen Materialien (Stroh, Gras etc.) abgedeckt werden. Diese Abdeckung hilft später auch, den Unkrautbewuchs der Baumscheiben zu unterdrücken.

Fertigstellung der Pflanzscheibe mit Gießrand

Pflanzmaterial

Geeignete Pflanzen können heute praktisch bei allen Markenbaumschulen bezogen werden. Eine eigene Anzucht könnte natürlich auch durchgeführt werden, allerdings bedarf es dazu doch einiger Kenntnisse (wie Veredlung etc.). Die meisten Baumschulen sind aber heute bereits bereit, die Arbeiten für die Erhaltung ihrer eigenen Sorten gegen Entgelt zu übernehmen. Dadurch ist es nicht notwendig eigene aufwändige Vermehrungen durchzuführen.

Für die jeweiligen Auspflanzungen ist es am günstigsten, einjährige Veredlungen oder höchstens zweijährige Pflanzen zu verwenden.

Wichtig ist außerdem, dass sie frei von Krankheiten und Schädlingen sind und keine Missbildungen (Verkrüppelungen) aufweisen. Aus diesen ein- bis zweijährigem Pflanzen lässt sich praktisch später jede gewünschte Form heranziehen.

Unterlagen

Die Kombination der gewählten Obstsorte mit der jeweils passenden Unterlage ermöglicht es den Auspflanzenden außerdem, das Wachstum und die spätere Entwicklung der Gehölze an die jeweiligen Standortbedingungen anzupassen und gleichzeitig evtl. vorliegende ungünstige Bodenverhältnisse auszugleichen.

Als Unterlagen werden bereits bewurzelte generativ (also mit Samen) oder vegetativ (also über Abrisse oder Steckhölzer, Ableger etc.) vermehrte Pflanzen bezeichnet, auf die später wertvolle, passende Edelsorten aufveredelt werden.

Manche Baumschulen bieten vorformiertes Pflanzmaterial an (hier V-Formen), das auch auf Terrassen weiterkultiviert werden kann.

Die verwendeten Unterlagen sollen dabei bestimmte gewünschte Eigenschaften (z. B. Wuchsstärke, Robustheit, Fruchtbarkeit, bessere Bodenverträglichkeit, Anfälligkeit gegenüber Krankheiten und Kälte etc.) auf die gesamte Pflanze übertragen. Damit wird es möglich, die positiven Eigenschaften zweier Partner zumindest teilweise zu vereinen und damit auch zu nutzen.

Bei der Wahl der Unterlagen sind zwei Faktoren von ausschlaggebender Bedeutung: einerseits die Bodenqualität und die Standortfaktoren und andererseits die Größe der zur Verfügung stehenden Wandfläche (Mauer, Spalierhöhe, Pergolagröße).

Stehen für die geplanten Wandspaliere nur kleinere Flächen zur Verfügung, sind eher schwächer wachsende Unterlagen zu verwenden. Hat man es aber mit größeren Wand- bzw. Mauerflächen zu tun, werden Veredlungen auf starkwachsenden Unterlagen (z. B. Sämlingen) eingesetzt. Auch bei leichteren Böden sind kräftiger wachsende Unterlagen günstiger, da sie die Lebensdauer der Gehölze sicher positiv beeinflussen.

Besteht die Absicht, exakte Spalierformen heranzuziehen, so sind schwächer wachsende Sorten/Unterlagenkombinationen anzuraten. Auf das Wachstum der Gehölze ist, um eine spätere möglichst optimale Entwicklung sicherzustellen, auch durch entsprechende Pflanzabstände aufzupassen.

Schwächer wachsende Unterlagen induzieren frühere Fruchtbarkeit, bringen meist regelmäßige und reiche Ernten und sind natürlich auch leichter „in Form zu halten". Genau das sind die Eigenschaften, die der Gartenobstbauer heute erwartet.

Veredlungen auf arteigenen Sämlingen wachsen nämlich meist sehr stark, benötigen einen hohen Pflegeaufwand und kommen erst viel später in Ertrag.

Beerenobst wird meist ohne Veredelung vermehrt.

Beim Beerenobst erfolgt die Vermehrung meist ohne Veredlung durch die Verwendung von Steckholz, über Ableger, Ausläufer oder mit Hilfe von Wurzelschossern. Nur für die Heranzucht von Johannisbeer- oder Stachelbeer-Hochstämmchen werden die Sorten auf geeignete, stammbildende Unterlagen (z. B. Goldjohannisbeere) veredelt. Bei Kiwis bzw. auch beim Wein werden die Pflanzen ebenfalls durch Veredlungen gezogen.

Apfelunterlagen

Die vegetativ vermehrten Unterlagen (so genannte Typen- oder Klonunterlagen) die heute in den Baumschulen eingesetzt werden, wurden anfangs vor allem in englischen Forschungsanstalten auf ihre Brauchbarkeit und die speziellen Eigenschaften untersucht.

Der wichtigste Vertreter dieser Gruppe ist wohl **M 9 (Gelber Metzer Paradiesapfel),** der heute bereits in vielen unterschiedlichen Selektionen und Neuzüchtungen vorliegt. Durch diese Breite an Eigenschaften ist es möglich, auf fast alle Standortprobleme Rücksicht zu nehmen. Er fördert frühzeitige und regelmäßige Erträge und verbessert auch die Fruchtqualität. Die Gehölze bleiben relativ klein und sind daher für Spalierformen in kleineren Gärten besonders gut geeignet. Allerdings stellt diese Unterlage etwas höhere ökologische Ansprüche, verlangt also gute, humose und gut wasser- und nährstoffversorgte Böden ohne Staunässe. Die Verträglichkeit mit den verschiedenen Apfelsorten ist sehr gut. Außerdem ist diese Unterlage widerstandsfähig gegen Kragenfäule.

Gut bewurzelte M9-Unterlage, fertig für die Pflanzung

M 26 (Kreuzung M 16 x M 9) wächst etwas stärker als M 9 und ist deshalb für etwas schwächer triebige Sorten besser geeignet. Sie ist außerdem etwas robuster und frostfester.

M 7 ist im Wuchsverhalten etwas kräftiger als M 26 und zeigt sich auch hinsichtlich ihrer Standfestigkeit bereits deutlich besser. Sie kommt mit etwas kühleren Böden besonders gut zurecht und ist widerstandsfähig gegen Kragenfäule.

MM 106 (Kreuzung Northern Spy x M 1) ist mittelstark wachsend, induziert frühe und regelmäßige Fruchtbarkeit und ist für leichtere Böden ebenfalls sehr gut geeignet, allerdings ist er empfindlich gegen Kragenfäule.

A 2 (Alnarp-Auslesen): Diese sehr anpassungsfähige Unterlage wächst bereits ziemlich stark (ca. 70–80 % gemessen am Sämling) und ist vor allem für trockene, auch leichtere Böden gut geeignet. Sie besitzt eine sehr gute Standfestigkeit und darüber hinaus eine hohe Frostresistenz. Außerdem induziert sie einen frühen Triebabschluss und einen ebenso frühen Laubfall, was besonders in klimatisch ungünstigeren Gebieten von Vorteil ist.

Sämlingsanzuchten (von robusten Mostsorten, wie z. B. Bittenfelder Sämling) finden im Spalierobstbau nur in Ausnahmefällen (etwa bei sehr großen Wandflächen an Scheunen) und auf leichtesten Böden Verwendung. Der Ertrag setzt bei solchen Veredlungen sehr spät ein und ist eher unregelmäßig; die Robustheit und auch die Frosthärte sind dagegen aber gut.

Sämlinge werden selten im Spalierobstbau verwendet.

Birnenunterlagen

Verglichen mit dem Apfel ist die Anzahl der Unterlagen hier deutlich geringer, obwohl in den letzten Jahrzehnten die Züchtungs- und Selektionsarbeiten mit großer Intensität betrieben wurden. Allerdings ist es für den Käufer noch immer nicht so einfach, neue Birnenunterlagen in den Baumschulen zu erhalten.

Quittenunterlagen
Für die Erziehung kleiner Baumformen werden heute in der Obstbaupraxis und auch in den Hausgärten verschiedene Quittenunterlagen verwendet, die sich in erster Linie in ihrer Wuchsstärke unterscheiden. Sie fruchten relativ früh, verlangen aber gute, humose, nährstoffreiche und wenig kalkhältige Böden. Nachteilig ist, dass diese Unterlagen nicht mit allen Birnensorten kompatibel sind: In solchen Fällen muss eine verträglichere Sorte (z. B. Gellerts Butterbirne) dazwischen veredelt werden.

OHF-Unterlagen
OHF-Unterlagen sind frostfest und gut verträglich.

Eine weitere Gruppe stellen die OHF-Unterlagen dar, die weniger chloroseempfindlich und vor allem auch frostfester sind und deren Verträglichkeit mit den meisten ertragreichen Sorten gut ist. Die für den Birnenanbau interessanteste ist sicher OHF 69 (Farold 69), eine mittelstark wachsende, fruchtbare, gut verträgliche, Feuerbrand tolerante Unterlage, die auch bereits eine gewisse Verbreitung gefunden hat. Andere Unterlagen haben bisher in den Baumschulen kaum Eingang gefunden.

Birnensämling
Der Birnensämling (z. B. Kirchensaller Mostbirne) wird für große Baumformen bzw. vor allem für wenig geeignete Böden herangezogen. Er ist sehr langlebig, standfest und frostsicher, allerdings ist die Qualität der Früchte nicht immer ganz zufriedenstellend, da sie oft klein und geschmacksarm sind.

Steinobstunterlagen
Süß- und Sauerkirschen werden selten als Spaliere gezogen.

Süß- und Sauerkirschen werden im Spalierobstbau nur sehr eingeschränkt eingesetzt. Allerdings haben sich durch die Züchtung neuer schwachwüchsiger Unterlagen auch hier die Einsatzmöglichkeiten deutlich verbessert. Durch die Verwendung neuer in Deutschland gezüchteter Klone (**GISELA** und **Weiroot-Formen**, wie z. B. **GISELA 5** oder **Weiroot Nr. 72, 53, 158**) ist es durchaus möglich, auch bei der Süßkirsche Spalierformen heranzuziehen. Diese neuen Unterlagsklone wachsen deutlich schwächer als der bisher verwendete **Klon F 12/1**, der außerdem sehr steile (enge) Astwinkel induziert. Die genannten Formen sind auch für Sauerkirschen geeignet. Daneben wird, vor allem für trockenere Böden, auch die **Steinweichsel (*P. mahaleb*)** als Sauerkirschenunterlage eingesetzt.

Pfirsiche und Nektarinen
Für leichtere bis mittelschwere Böden mit nicht zu hohen Kalkwerten werden arteigene Sämlinge, für schwere, kältere Böden verschiedene Pflaumenunterlagen (z. B. **Brompton, St. Julien-Pflaumen**) eingesetzt. Für sehr kalkreiche, trockenere Böden wären auch **Mandelsämlinge** und **Pfirsich-Mandelbastarde** geeignet.

Marillen (Aprikosen)
Hier hat sich für leichte bis mittelschwere Böden der **arteigene Sämling** gut bewährt. Für schwerere Böden sind allerdings für die Marille ebenfalls Pflaumenunterlagen, wie z. B. **INRA 655/2**, **Torinel** u. a., anzuraten. In der Praxis

haben sich diese Unterlagen in der freien Heckenerziehung und bei der Erziehung pyramidaler Kronenformen bereits sehr gut bewährt. Sehr niedrige Baumformen sind bei der Verwendung der Zwetschkenunterlage **WAVIT R** (in vitro vermehrt) zu erreichen. Sehr große Baumformen erzielt man dagegen bei der Verwendung geeigneter starkwüchsiger **Myrobalanen-Unterlagen** (z. B. **Klon 29/c**).

Pflaumen und Zwetschken

Diese Obstart eignet sich nur sehr eingeschränkt für die Erziehung strengerer Formen. Sollte sie dennoch z. B. für die Heranzucht eines Fächerspaliers eingesetzt werden, können die bei der Marille bereits genannten Unterlagen auch hier für die meisten Sorten verwendet werden.

Pflaumen eignen sich nicht so gut für die Spaliererziehung.

Gut bewurzelte Pflaumenunterlagen, geordnet nach Wachstumsstärke

Weitere Obstarten

Quitten und Mispeln

Hier werden meist arteigene Formen für die Veredlungen herangezogen.

Johannisbeer- und Stachelbeeren

Für Johannisbeeren (rot, weiß und schwarz) wird bei Pflanzungen eher bewurzeltes Steckholz verwendet, bei Stachelbeeren haben sich dagegen bewurzelte Abrisse oder Ableger bewährt. Wie bereits erwähnt, werden veredelte Pflanzen nur bei Heranzucht von Halb- und Hochstämmen verwendet. Als Unterlage wird dabei meist die **Goldjohannisbeere (Ribes areum)** eingesetzt, da sie nur sehr wenige Bodenaustriebe ausbildet. Bei entsprechendem Schnitt können aber auch Sträucher mit 2–3 kräftigen Trieben oder einem kurzem Fußstämmchen als Spalier herangezogen werden.

Weinreben und Aktinidien (Kiwi)

Für die Auspflanzungen werden sowohl veredelte als auch **wurzelechte** (z. B. durch Steckholz vermehrte) Pflanzen verwendet.

- **Gesetze des Triebwachstums**
- **Grundsätze der Schnittwirkung**
- **Trieb- und Knospenformen**
- **Schnittbegriffe (Spalierformen)**

Schnitt, Erziehung und Formgebung

Das Schneiden der Gehölze gehört zu den wichtigsten Pflegearbeiten, egal ob es sich um eine intensiv geführte Obstanlage oder um einen Liebhabergarten handelt. Allerdings sollte vorweg bekannt sein, welche Ziele mit den jeweiligen Schnitteingriffen erreicht werden sollen, und diese Zielvorstellungen sollten möglichst nie aus den Augen verloren werden.

Ziel des Baumschnitts
Ein möglichst rascher Aufbau der angestrebten Baumform (Kronenform) und ein früher Ertragsbeginn.
Im gesamten Kronenbereich möglichst rasch ein physiologisches Gleichgewicht zwischen Wachstum und Ertrag herstellen und erhalten.
Auch in Spalierobstkronen sollen ein ausreichendes Wachstum und eine regelmäßige Fruchtbarkeit in einem möglichst ausgewogenen Verhältnis stehen.
Die Kronenausdehnung durch entsprechende Schnittmaßnahmen dem gegebenen Standraum anpassen und vor allem Kahlstellen an Leittrieben und Ästen rechtzeitig vermeiden.
Früchte mit möglichst hoher Qualität heranziehen.

Grundsätzlich sollte beim Aufbau der jeweiligen Kronenformen immer möglichst behutsam und überlegt vorgegangen werden. Vor allem stärkere Schnitteingriffe führen unweigerlich zur Störung des Gleichgewichtes und sollten auch später tunlichst vermieden werden.

Obstbäume durchlaufen, wie alle lebenden Pflanzen, ebenfalls gewisse Lebensabschnitte, in denen sich entsprechend dem jeweiligen Alter (Jugend-, Ertrags- und Altersstadium) die Zielsetzungen für notwendige Schnitteingriffe naturgemäß verschieben.

In der Jugendphase dominiert das vegetative Wachstum. Schnitteingriffe sollen hier in erster Linie helfen, entsprechend kräftige, leistungsfähige und langlebige Kronen aufzubauen.

Kommen die Bäume in die Ertragsphase sind Schnittmaßnahmen in erster Linie darauf auszurichten, Wachstum und Ertrag in ein entsprechendes Gleichgewicht zu bringen.

Wenn dann der Baum über das Ertragsalter hinaus ist, also in die Altersphase eintritt (Triebkraftabschwächung), dann muss das verlorene Gleichgewicht durch einen stärkeren Rückschnitt zugunsten der Triebkraft wieder hergestellt werden. Auch im Formobstbau wird, wenn nicht rechtzeitig gegengesteuert wird, der fruchtende Teil der Krone nach außen wandern und der unproduktive innere Teil der Krone ständig größer werden.

Formierhilfe für die Heranbildung einfacher U-Formen

Es sind daher zeitgerecht entsprechende Schnittmaßnahmen zur Verjüngung einzuleiten.

Gesetze des Triebwachstums

Ältere Palmette mit schräger Seitenastführung

Das Wachstum und die Entwicklung der Obstbäume und Sträucher unterliegt gewissen natürlichen Regeln, die man sich beim Schneiden und Formieren zunutze machen kann. Es wird daher für jeden, der sich mit dem Schnitt und der Erziehung vertraut macht, von Vorteil sein, die grundsätzlichen Zusammenhänge, nach denen sich die Pflanzen entwickeln, kennen zu lernen.

Damit wird es für den Einzelnen auch leichter, die Reaktionen auf die verschiedenen Schnitt- und Formierarbeiten zu verstehen und auch wieder entsprechend zu reagieren.

Gerade im Spalierobstbau spielt der Schnitt eine viel größere Rolle als bei der Heranzucht normaler Rundkronenformen. Es scheint daher erforderlich und gerechtfertigt, zuerst einige Grundsätze des Triebwachstums und der Triebförderung darzustellen.

Grundsätze des Triebwachstums

Die Stellung der Äste und Triebe in der Krone und ihre Neigungswinkel bestimmen die jeweilige Stärke des Triebwachstums.

Spitzenförderung

Oberseitenförderung

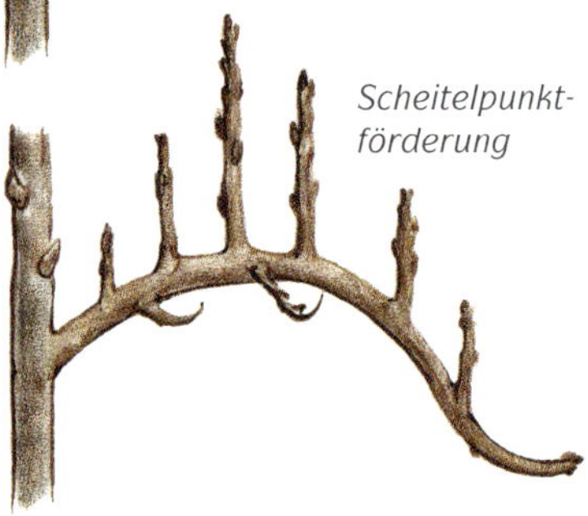

Scheitelpunktförderung

Basisförderung

Spitzenförderung

Die zuoberst sitzenden Knospen treiben am stärksten und zeigen die kräftigste Entwicklung. Sie verfügen in der Regel über den höchsten Hormon- und Nährstoffspiegel und stehen naturgemäß sehr günstig zum Saftstrom (Leitbahnen). Zwei oder mehrere in Länge und Stärke gleichwertige Triebe wachsen gleich stark. Je steiler ein Trieb steht, desto stärker treibt er in der Regel auch aus, je flacher seine Stellung, desto kürzer bleiben die Austriebe.

Oberseitenförderung

Bei mehr oder weniger waagrecht oder leicht angewinkelt stehenden Trieben treiben die an der Oberseite lokalisierten Knospen ziemlich gleichmäßig von der Ansatzstelle bis zur Spitze hin aus.

Scheitelpunktförderung

Bei durch die Fruchtlast (oder durch Formieren) heruntergebogenen Ästen und Zweigen entstehen die stärksten Neutriebe in der Scheitelzone. Basis- und Spitzenbereich bleiben dagegen in der Entwicklung zurück.

Basisförderung

Je tiefer der Trieb nach unten gebogen bzw. gedrückt wird, desto mehr kommt die Basis in eine günstigere (höhere) Stellung und erfährt dadurch auch eine stärkere Förderung.

> Gerade im Formobstbau wird ja in hohem Maße geschnitten, gebunden und gebogen. Daher kommt der Kenntnis dieser Gesetzmäßigkeiten naturgemäß große Bedeutung zu.

Grundsätze der Schnittwirkung

Jeder Schnitt bzw. Eingriff in eine Krone hat durch das Herausnehmen von kleineren oder größeren Pflanzenteilen gewisse Auswirkungen auf die weitere Entwicklung und Fruchtungsbereitschaft der Bäume.

> Man nimmt der Pflanze so z. B. Assimilate (Reserven, die in den Zweigen gespeichert sind) oder Assimilationsfläche (Blätter bei Grünschnitten) weg und beeinflusst dadurch in gewissem Umfang auch die Wurzelentwicklung.

Es spielt daher auch der Zeitpunkt des Eingriffes eine nicht unbedeutende Rolle. Auch damit kann man das Triebwachstum merklich beeinflussen bzw. regulieren.

Hinweise für die Anschnittlänge bei einjährigen Trieben (Schnittwirkungsgesetze)
a) kein Rückschnitt: die gut ausgebildete Terminalknospe treibt kräftig durch – Spitzenförderung
b) die Knospen unter der Terminalknospe sind schwächer ausgebildet, daher erfolgt ein schwächerer Austritt mit vielen kürzeren Trieben in flacherer Stellung
c) starker Rückschnitt bis in die Triebmitte mit gut ausgebildeten Knospen bedeutet einen stärkeren Austrieb mit wenigen, steiler stehenden Neutrieben
d) ein Rückschnitt bis in den Bereich der Triebbasis (Stummelschnitt) mit schwächer ausgebildeten Knospen bedingt einen schwachen bis höchstens mäßigen Austrieb und sehr kurze Triebe (Triebkraftabschwächung)

Schnittzeitpunkt

Winterschnitt

Im Allgemeinen werden Obstbäume und Sträucher in der vegetationsfreien Zeit (Winter) geschnitten. Vor allem notwendige Erziehungsarbeiten (Anschneiden, Umsetzen, Auslichten, Verjüngen etc.) sind in der Regel diesem Zeitraum vorbehalten.

Erziehungsarbeiten werden oft im Winter durchgeführt.

Als Vorteile wären zu nennen:

- Der bessere Überblick über die Krone im unbelaubten Zustand (weniger Schnittfehler)
- Der fehlende Fruchtbehang, der verschiedentlich beim Schnitt hinderlich sein kann
- Die arbeitsarme Zeit, da die Arbeiten hier sogar über einen längeren Zeitraum verteilt werden können

Fehler in der Erziehung und beim Schnitt können sich rasch negativ auswirken.

Zeitgerechter Grünschnitt erleichtert die spätere Formgebung.

Die einzelnen Obstarten sind gegenüber Schnittmaßnahmen allerdings unterschiedlich empfindlich.

Während das Kern- und auch das Beerenobst den Schnitt im Winter gut verträgt, sollen die verschiedenen Steinobstarten besser im ausgehenden Winter bzw. überhaupt erst im Sommer geschnitten werden.

Auch die Wundheilung ist in der Vegetationszeit deutlich besser.

Sommerschnitt

Wird während der Vegetationsperiode im belaubten Zustand durchgeführt. Durch den Sommerschnitt sollen die Winterschnittmaßnahmen ergänzt bzw., wenn notwendig, auch korrigiert und bei akuten Fehlentwicklungen direkt gegengesteuert werden. Gleichzeitig können stärker wachsende Bäume durch Wegnahme von Assimilationsfläche (Blätter) beruhigt und die Ausbildung von Fruchtholz gefördert werden. Schnittbehandlungen im Sommer reduzieren außerdem den Aufwand für den Winterschnitt.

Im Spalier- und Formobstbau ist der Sommerschnitt für die Heranbildung der jeweiligen Spalierkronen unbedingt erforderlich.

Er hilft, das natürliche Wachstum in gewünschte Bahnen zu lenken, und unterstützt die Blütenknospenbildung bereits zu einem sehr frühen Zeitpunkt. In der Regel bilden die Obstgehölze vor allem in den ersten Jahren weit mehr längere Triebe aus, als zur Kronengestaltung erforderlich sind. Dieses Zuviel an Trieben musste dann im darauf folgenden Winter wieder entfernt werden. Günstiger ist es daher, derartige Zuwächse durch einfaches „Reißen" bereits im Sommer zu entfernen. Solche Wunden verheilen außerdem schnell und problemlos. Verbleibende Triebe können, wo es notwendig ist, entspitzt (pinziert) werden und durch den Assimilate-Überschuss noch im selben Jahr zur Blütenknospenbildung beitragen. Dieses Entspitzen kann auch mehrmals notwendig werden, vor allem wenn sich der Triebabschluss, also die Ausbildung der Endknospe an der Spitze des Triebes, verzögert.

Um die Umwandlung von Blattknospen in Blütenknospen zu unterstützen, sollte der Behandlungszeitpunkt (das Pinzieren der Triebe) entsprechend richtig gewählt werden.

Untersuchungen haben gezeigt, dass der Zeitpunkt knapp vor oder zu Beginn der Blütenknospendifferenzierung der verschiedenen Obstarten als Termin am geeignetsten ist. Die Zusammenstellung gibt einen Überblick über die ungefähren Termine bei den wichtigsten Obstarten.

Blütenknospendifferenzierung bei einigen Obstarten	
Obstart	**ungefährer Zeitraum**
Apfel	Juli bis August
Birne	Juli bis August
Pflaume	Anfang Juli bis Mitte August
Süßkirsche	Ende Juni bis zweite Julihälfte
Sauerkirsche	Ende Juni bis Ende Juli
Marille (Aprikose)	Juli bis Anfang August
Pfirsich	Anfang Juli bis Mitte August
Johannisbeere (rot, weiß)	Mitte Juni bis Ende Juli
Weinrebe	Mitte Juni bis Ende Juli

Die locker aufgebaute Palmetto-Krone mit waagrechter Seitenastführung benötigt nur mehr geringe Schnitteingriffe.

Vorteile des Sommerschnittes

- Wachstumsminderung
- Verbesserung der Belichtungsverhältnisse
- Positive Fruchtentwicklung und Qualitätsverbesserung
- Erleichterung bei der Kronengestaltung

Trieb- und Knospenformen

Für die praktische Durchführung des Schnittes ist eine einigermaßen genaue Kenntnis der verschiedenen Elemente der Krone erforderlich. Damit können Fehler vermieden und die Schnittarbeiten leichter durchgeführt werden.

Triebformen

Langtriebe (Holztriebe)

Das sind meist einjährige Triebe, die eine Länge von mindestens 25 cm und darüber erreichen und an den Spitzen der Leittriebe zu finden sind. in der Regel sind diese Triebe beim Kernobst mit Holzknospen (Blattknospen) besetzt, aus denen sich in weiterer Folge wieder längere oder kürzere Triebe entwickeln können. Eine Sonderform stellen die Wasserschosse dar. Das sind ebenfalls einjährige Langtriebe, die sich aus den schlafenden Augen des älteren Holzes entwickeln können. Durch einen stärkeren Rückschnitt, aber auch durch permanenten Lichtmangel kann ihre Bildung stark gefördert werden. Beim Steinobst entwickeln sich dagegen selten Wasserschosse.

Wasserschosse entwickeln sich aus den schlafenden Augen des älteren Holzes.

Kurztriebe

Sie erreichen eine Länge zwischen 15 cm und 25 cm und besitzen anfangs ebenfalls nur Holzknospen. Diese besitzen eine relativ kleine, schmale spitzzulaufende Form.

Vorzeitige Triebe sind Austriebe, die sich aus Knospen eines Neuaustriebes des gleichen Jahres entwickeln. Bei Pfirsichen ist das eine normale Entwicklung.

Fruchttriebe sind mit Blatt- und Blütenknopsen besetzt.

Fruchttriebe

Darunter versteht man ein- oder mehrjährige Zweige (Triebe), die neben vegetativen Knospen (Blattknospen) auch mit Blütenknospen besetzt sind. Man kann hier zwischen langem und kürzerem Fruchtholz unterscheiden.

Fruchtruten

Als Fruchtruten werden einjährige Langtriebe (> 25 cm) mit einer Blütenknospe an der Spitze und seitlich angeordneten Holzknospen bezeichnet.

Fruchtspieße

Als solche sind einjährige Kurztriebe (4–10 cm) mit ebenfalls einer terminalen Blütenknospe sowie vereinzelten seitlichen Holzknospen zu sehen.

Fruchtsprosse

Das sind kurze Triebe (< 5 cm), an deren Spitze meist eine Blütenknospe sitzt. Bei einem zu reichen Fruchtbehang kann die Ausbildung der Blütenknospen stecken bleiben.

Teilbereich eines älteren waagrechten Birkenkordons mit unterschiedlichem Fruchtholz

Quirlholz

Darunter versteht man ein stark verzweigtes, mehrjähriges Fruchtholz, das nur beim Kernobst zu finden ist. Es umfasst Fruchtsprosse, Ringelspieße und Fruchtkuchen. Ringelspieße zählen zum mehrjährigen Fruchtholz und können sich aus Spießen und Sprossen entwickeln. Das eigentümlich geringelte Aussehen der kurzen Triebe rührt von den Blattnarben der abgefallenen Blätter her. Bei dem Fruchtkuchen (bevorzugt bei Birnen) handelt es sich um einen fleischig-verdickten Teil am Ende eines Fruchtspießes oder -sprosses, der als Speicher für diverse Bildungsstoffe dient. Es kann sich hier laufend neues kurzes Fruchtholz bilden.

Quirlholz umfasst Fruchtsprosse, Ringelspieße und Fruchtkuchen.

Bukettriebe

Darunter versteht man ein- oder mehrjähriges Fruchtholz beim Steinobst, vor allem bei den Kirschen. Sie sind in ihrer Entwicklung den Ringelspießen beim Kernobst sehr ähnlich. Um eine in der Mitte stehende Holzknospe, die der Triebverlängerung dient, gruppieren sich eine Reihe von Blütenknospen. Solche Triebe können oft viele Jahre alt werden.

Bukettriebe sind den Ringelspießen ähnlich.

Wahre und falsche Fruchttriebe

- **Wahre Fruchttriebe** sind meist einjährige Langtriebe mit stark gemischter Knospenstellung (mit Knospenzwillingen und -drillingen), die bei verschiedenen Steinobstarten gebildet werden und dort als wichtigstes Fruchtholz anzusehen sind. Sie sind bevorzugt beim Pfirsich anzutreffen.
- **Falsche Fruchttriebe** sind meist schwächere, schlechter ernährte Langtriebe, die keine gemischte Knospenstellung aufweisen. Sie besitzen nur an der Spitze eine Blattknospe, seitlich setzen nur Blütenknospen an. Beim Schnitt sollten sie entfernt werden. Sie sind vor allem in wenig geschnittenen Pfirsich- und Weichselkronen zu finden.

Fruchtstand eines Apfels mit einem vegetativen Austrieb zur Verlängerung des Fruchttriebes

Knospenformen

Jede Neuentwicklung von Trieben innerhalb der Krone erfolgt ausschließlich aus Knospen. Nach ihrer Stellung unterscheidet man **Endknospen** (Terminalknospen) und Seitenknospen. Nach ihrer Ausbildung wird zwischen **Holz- (Blatt-) knospen** und **Blütenknospen** unterschieden.

Beim Kernobst bezeichnet man die Blütenknospen auch als gemischte Knospen, weil sich daraus sowohl vegetative Teile (Blätter- und Kurztriebe) als auch generative Teile (6–10 Blütenanlagen) entwickeln können.

Gerade diese gemischten Knospen sind vor allem im Formobstbau und bei der Erziehung niedriger Baumformen beim Kernobst von großer Bedeutung.

Beim Steinobst werden entweder vegetative Knospen (Blatt-, Holzknospen) oder nur Blütenknospen ausgebildet. Aus den Blütenknospen können sich ebenfalls mehrere Blüten (bis zu vier Stück) entwickeln.

Schlafende Knospen

Als schlafende Knospen werden jene bezeichnet, die im Jahr nach ihrer Entstehung nicht zum Austrieb kommen. Sie sitzen meist an der Basis verschiedener Triebe und bleiben beim Kernobst durchaus weiter austriebsfähig. Durch Kerben (leichtes Einschneiden oberhalb des Auges) können sie aber frühzeitig zum Austrieb angeregt werden.

Anschneiden

Wegschneiden

Absetzen, Ableiten

Schnittbegriffe

Bevor auf die Erziehung der einzelnen Kronenformen eingegangen werden soll, werden noch einige Schnittbegriffe erklärt, die vielleicht die eine oder andere Maßnahme besser verständlich machen.

Anschneiden

Darunter versteht man das Abschneiden eines einjährigen Triebes über einer passenden Holzknospe, die in der Regel in die gewünschte Richtung der Triebfortsetzung weist. Das Anschneiden ist vor allem beim Aufbau der Kronen von großer Wichtigkeit.

Wegschneiden

Darunter wird das Entfernen von nicht gebrauchtem Triebmaterial (z. B. von Konkurrenztrieben etc.) verstanden. Der Schnitt wird an der Ansatzstelle durchgeführt.

Absetzen, Ableiten

Dabei wird ein Trieb bis auf einen passenden, tieferstehenden Seitentrieb entfernt (z. B. bei zu steil wachsenden Verlängerungstrieben).

Umsetzen

Als Umsetzen bezeichnet man das Absetzen dann, wenn die Stammverlängerung auf einen tieferstehenden Trieb zurückgewonnen wird.

Pinzieren

Nennt man das Entspitzen (Entfernen) noch nicht verholzter Triebe in der Vegetationszeit. Es kann an einem Trieb durchaus mehrmals durchgeführt werden, wenn damit die Triebkraft des jeweiligen Triebes entsprechend eingeschränkt werden soll. Dabei wird die Triebspitze einfach mit Hilfe einer Schere oder des Fingernagels abgezwickt, wobei nur die älteren, assimilierenden Blätter (3–4 Stück) erhalten bleiben sollen. Die hier weiter produzierten Assimilate werden für die Bildung von Blütenknospen oder für das Dickenwachstum des Triebes eingesetzt.

Lorette-Schnitt

Eine aus Frankreich kommende Sommerschnitt-Methode, die ursprünglich in erster Linie bei den Birnen eingesetzt wurde. Dabei wurden alle Holztriebe, die etwa Bleistiftstärke erreicht hatten ab Juli auf 1–2 cm Länge (1–3 Blätter) zurückgeschnitten. Der Schnitt wird bis etwa Mitte September laufend weiter durchgeführt, wodurch in gewissem Umfang die Fruchtbarkeit erhöht wird. Diese Methode wurde in etwas abgewandelter Form auch als Stummelschnitt bekannt, sie hat sich aber letztendlich nicht durchgesetzt. Am günstigsten ist sicherlich eine Kombination der beiden Sommerbehandlungs-Methoden.

Der Lorrette-Schnitt wurde ursprünglich bei Birnen eingesetzt.

Kordonformen

Palmetto-Formen

Formlose Fächerspaliere

Erziehungsformen (Spalierformen)

Um im Spalierobstbau die jeweils gewünschten Formen heranbilden zu können, muss einigermaßen radikal in die natürliche Entwicklung der Bäume eingegriffen werden.

Dabei wird einerseits mit der Schere, zum anderen aber auch verstärkt durch Formieren jüngerer noch biegsamer Zweige versucht, die Krone in die jeweils gewünschte Form zu bringen.

Im Laufe der Jahre haben sich eine größere Zahl an Spalierformen entwickelt, die aber alle auf einige wenige Grundformen aufbauen.

Schräg erzogene Schnurbäume sind in ihrem Wuchsverhalten steuerbar.

Kordonformen

Sie werden vor allem bei Apfel und Birne eingesetzt, können aber natürlich auch bei anderen Obstarten (z. B. der Süßkirsche) verwendet werden. Je nach den gegebenen Verhältnissen kann man zwischen verschiedenen Formen unterscheiden: dem senkrechten Kordon, als Einzelstamm oder mit zwei oder mehreren parallel laufenden Stämmen erzogen (U-Formen), dem waagrechten Kordon, dem schräggezogenen Schnurbaum und anderen Erziehungsformen.

Kordonformen werden vor allem bei Apfel und Birne eingesetzt.

Senkrechter Kordon oder Schnurbaum (Superspindel)

Eine eher noch weniger naturentfernte Baumform, die aus einem kurzen Stamm und der Stammverlängerung mit kurzem Fruchtholz besteht. Diese Form ist einigermaßen einfach zu erziehen und deshalb auch für einen noch weniger geübten Gärtner gut geeignet.

Als Unterlagen werden schwach bis mittelstark wüchsige Klone verwendet. Stärker wachsende sind nur bei weniger geeigneten Böden gerechtfertigt. Senkrecht erzogene Kordone wachsen einigermaßen rasch und können nach 4–5 Jahren bereits eine Höhe von 3 m erreicht haben. Sie benötigen aber eine lebenslange Unterstützung.

Die Erziehung ist relativ einfach. Für die Pflanzung werden am besten einjährige Veredlungen verwendet. Anschließend wird der Trieb auf ca. 50 cm eingekürzt und das zukünftige Stämmchen am Gerüst angeheftet.

Schnurbaum nach dem Winterschnitt. Der Schwerpunkt liegt in der Erziehung von kurzem Fruchtholz.

Bei größeren Auspflanzungen ist ein Pflanzabstand von 50 cm einzuhalten, um später auch eine ausreichende Fruchtholzentwicklung sicherstellen zu können.

Verwendet man bereits garnierte (mit Seitentrieben besetzte) Jungbäume (z. B. Container-Ware), müssen die verbleibenden Seitentriebe entweder eingekürzt oder zumindest in eine waagrechte Stellung formiert werden.

Bei Verwendung von schwachen Unterlagen sollten im ersten Jahr (Pflanzjahr) nur wenige oder keine Blüten belassen werden. Erst in den folgenden Jahren kann der Fruchtansatz, entsprechend dem Wuchsverhalten, langsam gesteigert werden.

Je früher der Ertrag einsetzt, desto stärker wird auch das Wachstum des Baumes beeinflusst und desto geringer wird auch der Schnittaufwand ausfallen.

Treiben mehr Knospen aus, als für die Garnierung gebraucht werden, sollten sie noch im grünen Zustand abgebrochen werden.

Ideal wäre es, wenn sich etwa alle 15 cm ein neuer Trieb an der Stammverlängerung bildet. Wachsen dabei diese Seitentriebe zu steil aufrecht, ist ein Waagrechtbinden noch im krautigen Zustand unbedingt erforderlich.

Unterschiedlich stark wachsende Schnurbäume erfordern eine besonders exakte Schnittarbeit.

Werden diese Zweige trotz Formierens doch zu lange (> 25–30 cm), muss unbedingt pinziert (entspitzt) werden. Dabei sollte darauf geachtet werden, dass die Achselknospen der letzten verbleibenden Blätter nach unten und außen gerichtet sind.

Entsprechend der Oberseitenförderung treiben Knospen auf der Zweigoberseite kräftiger und steiler aus als seitlich oder unterseits angeordnete. Es ist daher vor allem in den ersten Jahren wichtig, das Triebwachstum während der Vegetationszeit ständig zu kontrollieren und, wenn notwendig, durch entsprechende Eingriffe (Pinzieren) zu korrigieren. Ein Entspitzen ist nicht mehr erforderlich, wenn der Trieb durch die Ausbildung einer Endknospe anzeigt, dass er sein Wachstum abgeschlossen hat.

In den ersten Jahren nach der Pflanzung ist es meist erforderlich, auch die Stammverlängerung zu behandeln. Der Anschnitt erfolgt dabei im Regelfall etwa 40 cm über dem letzten Seitentrieb.

Man kann die Stammverlängerung umso länger belassen, je gleichmäßiger sich die Seitentriebe an der Achse entwickeln. Außerdem können im ersten Jahr pinzierte Triebe, wenn erforderlich, im Frühjahr bis in die Nähe des ersten Pinzierens zurückgeschnitten werden. Nicht benötigte Seitentriebe sollten dagegen vollständig entfernt werden. Ansonsten werden die notwendigen Schnitt- und Erziehungskorrekturen an den neuen Trieben weiter fortgesetzt, um eine gleichmäßige Garnierung mit kurzem Fruchtholz sicherzustellen.

Auch im dritten Standjahr werden diese korrigierenden Arbeiten in gleicher Weise wie in den ersten beiden Jahren fortgesetzt. Erreicht der Baum schließlich seine gewünschte Höhe, so wird die Spitze auf einen geeigneten tieferstehenden Seitentrieb abgeleitet. Durch den langsam einsetzenden Ertrag wird das Wachstum zusätzlich gebremst und die Äste durch die Fruchtlast zusätzlich in die Waagrechte gedrückt.

Wichtig:

Um später ein entsprechendes Gleichgewicht zwischen vegetativer und generativer Entwicklung sicherzustellen, ist es notwendig, rechtzeitig mit Auslichtungs- und Verjüngungsschnitten zu beginnen.

Waagrechter Kordon (Horizontal-Kordon)

Waagrechte Schnurbäume werden oft und vor allem für die Einfassung von Beeten oder Rabatten verwendet. Sie können sehr ertragreich sein und ausgesprochen gute Fruchtqualitäten bringen. Auch für die Abdeckung niedriger Mauern sind sie sehr gut geeignet.

Horizontal gezogene Kordone können einarmig oder zweiarmig an Drahtgerüsten, die ca. 40–50 cm hoch über dem Boden geführt werden, erzogen werden. Als Pflanzware ist ebenfalls am besten eine einjährige Veredlung geeignet, die nach der Pflanzung auf die entsprechende Höhe angeschnitten wird.

Wichtig:

Eine entsprechende Entfernung zwischen den Pflanzen ist einzuhalten. Sie sollte bei Verwendung mittelstark wachsender Kombination mindestens 3–4 m betragen, bei schwach wachsenden Unterlagen 2,5–3 m.

Um das Wachstum der Kordone zumindest anfangs sicherzustellen, sollten die Endspitzen jeweils etwas aufgerichtet werden. Im Spätsommer, bevor die Verholzung der Triebe gänzlich abgeschlossen ist, müssen sie aber wieder waagrecht formiert werden.

Um das Wachstum sicherzustellen, Endspitzen etwas aufrichten.

Als ein gewisser Nachteil bei dieser Erziehungsart hat sich aber das verstärkte Wachstum an der Oberseite der Kordone, vor allem in der Nähe der Basis (Stämmchen) erwiesen. Um hier eine gleichmäßige Entwicklung auf der gesamten Länge der Kordone sicher zu stellen, ist es notwendig, laufend zu dicht stehende Neutriebe zu entfernen (am besten geschieht das durch Wegreißen) und die verbleibenden Austriebe durch entsprechende Maßnahmen (Pinzieren, Rückschnitt etc.) rasch in geeignetes Fruchtholz überzuführen.

Ein exaktes und rechtzeitiges Durchführen dieser Arbeiten sichert vor allem in den ersten Jahren die notwendige gleichmäßige Entwicklung der Kordone.

Nach Erreichen der gewünschten Länge wird die Spitze einfach auf einen günstigen Seitentrieb zurückgesetzt und durch entsprechende Schnittarbeiten eine

Zweiarmiger, waagrechter Kordon mit verstärktem Durchtrieb im Mittelbereich.

Zweiarmiger, waagrechter Kordon mit gleichmäßiger Wuchskraft und entsprechender Fruchtholzgarnierung

gleichmäßige Entwicklung erhalten. Zweiarmige Erziehungsformen zeigen eine etwas bessere Wuchskraftverteilung.

Aufgrund verschiedener Erfahrungswerte haben sich bei den Äpfeln die Sorten „Weißer Klarapfel", „Charlamovski", „Roter Herbstkalvill", „Kaiser Alexander", „Ananas Renette", „Berner Rosenapfel", „Weißer Winterkalvill" und „Baumanns Renette" und bei den Birnen „Clapps Liebling", „Williams Christ", „Doppelte Philippbirne", „Winterdechantsbirne" und „Gute Luise" als gut erwiesen. Obstarten, wie Pflaumen oder Marillen, sind dagegen nicht geeignet. Süßkirschen wären evtl. beim Einsatz schwacher Unterlagen durchaus einen Versuch wert.

Schräge Schnurbäume (Kordone)

Diese Form besteht, wie der vertikale Kordon, aus einer geraden Stammverlängerung, die jedoch in einem Winkel von ca. 45° zur Senkrechten geneigt ist. Schräge Schnurbäume werden ebenfalls an Gerüsten (3–4 Drähten) oder an Mauern mit entsprechenden Befestigungsvorrichtungen mit Höhen bis zu 3 m erzogen. Sie sind sowohl für Apfel als auch für die Birne sehr gut geeignet. Die Pflanzweite beträgt in der Regel 0,5–0,6 m.

Die Fruchtbarkeit dieser Bäume setzt im Vergleich zum senkrechten Kordon etwas früher ein, da die geneigte Lage und auch die etwas größere Länge der Stammverlängerung die Bildung von Blütenknospen deutlich fördert.

Schräg erzogene Kordone benötigen ebenfalls ein stabilies Gerüst.

Die Schnitt- und Pflegearbeiten werden wie beim senkrechten Kordon durchgeführt. Wenn die Höhe des obersten Drahtes erreicht ist und der Mitteltrieb darüber hinauswächst, sollte er im späteren Frühjahr auf 15–20 cm unterhalb des obersten Drahtes zurückgeschnitten werden. Durch das jährliche Einkürzen der neuen Triebe im Juli/August bis auf etwa 2,5 cm (Lorette-Schnitt), kann der schräg gezogene Schnurbaum über einen längeren Zeitraum in dieser Form gehalten werden.

Zeigt ein schräger Schnurbaum trotz aller Schnitteingriffe allerdings noch immer ein zu starkes Wachstum, könnte durch ein zusätzliches weiteres Absenken der Achse die Wuchskraft noch etwas weiter gedämpft werden. Allerdings kann eine solche Maßnahme bei bereits älteren Bäumen nur langsam und schrittweise (3–5° pro Arbeitsgang) durchgeführt werden. Insgesamt sind damit Absenkungen bis auf etwa 35° möglich (Abb. S. 45).

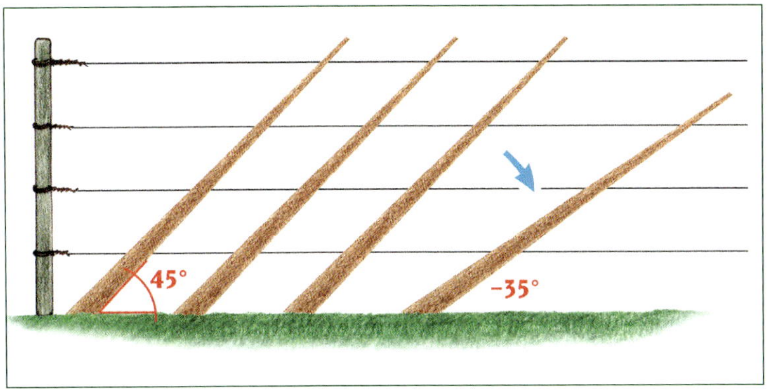

Zu stark wachsende, schräg erzogene Schnurbäume können durch weiteres Absenken (bis 35°) im Wachstum noch etwas gebremst werden.

Der Winterschnitt bei fertig erzogenen Schnurbäumen dient später dazu, älteres, zu dicht stehendes und abgetragenes Fruchtholz zu entfernen bzw. auszulichten.

Gleichzeitig sind die vorhandenen Neutriebe auf 3–4 Augen, Triebe, die nach dem Pinzieren noch weiter gewachsen sind, auf 1–2 Augen einzukürzen.

Beim späteren Nachlassen der Wuchskraft sind ein stärkeres Auslichten und ein kräftiger Rückschnitt durchzuführen, um die Neubildung junger Triebe wieder zu fördern, die in weiterer Folge, wie bereits beschrieben, im Sommer weiter behandelt werden.

Bei Nachlassen der Wuchskraft: Auslichten und Rückschnitt.

Schlangenförmiger Kordon

Beim Schlangenkordon, einer Sonderform, benötigt man für eine einigermaßen gleichmäßige Erziehung eine aus entsprechend starkem Draht hergestellte und am bestehenden Gerüst befestigte Schablone, an der der Kordon in die Höhe gezogen wird.

Die Fruchtbarkeit tritt bei dieser Erziehungsform ebenfalls etwas früher ein, weil es durch die mehrmalige Krümmung der Achse zu einem gewissen Stau des Saftstromes kommt.

Das führt zur verstärkten Ausbildung von besser versorgten Blütenknospen und in weiterer Folge zur Ausbildung von Qualitätsfrüchten. Durch das frühere Durchtreiben von Seitenknospen ist es außerdem später kaum mehr notwendig, den Spitzenbereich jährlich zurückzuschneiden, da dadurch auch eine ausreichende Garnierung der Achse sichergestellt ist.

Führt zur Ausbildung von Qualitätsfrüchten.

Für die Pflanzung (Pflanzweite 80 cm) werden meist ebenfalls einjährige Veredlungen auf schwachen bis mittelstarken Unterlagen verwendet. Die Pflanzweite sollte nicht zu eng gewählt werden, um die spätere Entwicklung des Fruchtholzes nicht zu beeinträchtigen. Die Stammhöhe beträgt auch bei dieser Form

Schlangenkordone zeichnen sich durch ein gebremstes Wachstum und eine frühere Fruchtbarkeit aus.

etwa 40 cm. Nach entsprechender Befestigung am Gerüst kann dann mit dem Formieren begonnen werden. Pflege- und Schnittarbeiten entsprechen im weitesten Sinn den bei den bereits genannten Kordonformen. Damit ist es möglich, auch etwas niedrigere Flächen (< 3 m) zu bepflanzen.

Mit einem entsprechend stark wachsenden Kordon kann auch eine zweite Etage erzogen werden.

U-förmige Kordone

Einfache U-Form

Die einfache U-Form benötigt für die Formgebung um mindestens ein Jahr länger, hat aber den Vorteil, dass sich die Wuchskraft des Baumes auf zwei getrennte, senkrechte Schnurbäume verteilt, wodurch der spätere Schnittaufwand geringer gehalten werden kann.

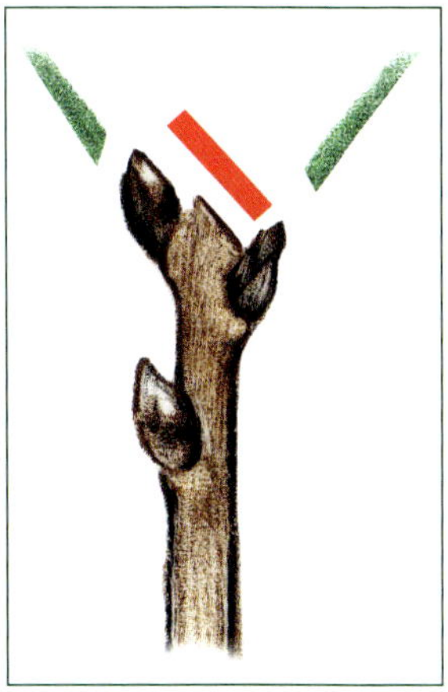

Anschnitt des einjährigen Triebes auf zwei geeignete Knospen

Für die Pflanzung werden am besten ebenfalls einjährige Veredlungen auf mittelstarken Unterlagen verwendet, die nach der Pflanzung etwa in einer Höhe von 40 cm auf zwei Augen angeschnitten werden. Diese Knospen sollten jeweils in Richtung des Spaliers weisen, um beim Austrieb das Formieren zu erleichtern.

Nach dem Austrieb werden diese beiden krautigen Triebe rechts und links im Winkel von ca. 45° an jeweils passende Gerüststäbe angeheftet. Weitere Triebe, die sich evtl. noch gebildet haben, müssen vorerst konsequent entfernt werden. Im Sommer (etwa Anfang August) werden dann die beiden Triebe, noch bevor sie vollständig verholzt sind, in die Waagrechte formiert und die Spitzen, sofern ihre Länge ausreicht, bereits an geeigneten Gerüstteilen aufgerichtet.

Um ein exaktes Formieren sicherzustellen, müssen die Triebe unmittelbar vor der Knickstelle am Gerüst befestigt werden. Sollte der Winkel beim ersten Formieren noch nicht voll erreicht werden, muss etwas später nochmals nachgebessert werden.

Beim Formieren müssen die Triebe unmittelbar vor der Knickstelle am Gerüst befestigt werden.

Um ein Abbrechen der erst teilverholzten Triebe zu verhindern, sollten sie an ihrer Basis leicht angedreht werden.

Der Abstand der beiden Kordone beträgt in der Regel 40 cm (entspricht dem Lattenabstand).

Um eine gleichmäßige Entwicklung der beiden Stammverlängerungen zu erreichen, ist auf einen jeweils gleich hohen Anschnitt zu achten, d. h., die Spitzen müssen sich stets auf gleicher Höhe befinden (Gesetz der Spitzenförderung!).

Die jeweilige Anschnittlänge hat sich daher stets nach dem Schwächeren zu richten.

In den folgenden Jahren werden die beiden Stammverlängerungen und der Aufbau des notwendigen Fruchtholzes in ähnlicher Weise durchgeführt, wie bereits beim senkrechten Kordon beschrieben. Die Seitentriebe können dabei durchaus eine Länge von 20–30 cm erreichen, sollen aber zwecks Sicherstellung einer entsprechenden Belichtung nicht länger werden. Bei der Heranzucht von kürzerem Fruchtholz hat sich neben dem Pinzieren vor allem der Zwei-Jahres-Schnitt bewährt: auf eine nach oben gerichtete Knospe anschneiden und im zweiten Jahr auf einen passenden, nach unten gerichteten und meist schwächeren Fruchtzweig zurückschneiden.

Doppelte U-Form

Zur Bildung bzw. Heranzucht einer doppelten U-Form bedarf es mindestens 2–3 Jahre. Hier kann die erste Verzweigung etwas tiefer angesetzt werden, so dass die Basis der beiden U-Formen wieder bei einer Höhe von 40–50 cm (Gerüstansatz) begonnen werden kann.

Wichtig:

Den ersten Bogen möglichst senkrecht in die U-Basis der später zu erziehenden Kordone einmünden lassen. Bei einer Unausgewogenheit kann es sonst später zu einer ungleichen Entwicklung kommen.

Durch Verwendung von Formierhilfen gelingt es relativ einfach, U-Formen verschiedener Obstarten herauszubilden. (links) Durch die Wuchskraftverteilung auf zwei Schnurbäume können auch stärker wachsende Unterlagen verwendet werden. (rechts)

Spätere Korrekturen sind praktisch nicht mehr möglich. Die Kordone werden bei entsprechender Länge dann wieder an den senkrechten Spalierlatten weitergezogen. Die Weiterbehandlung (Schnitt) der vier senkrechten Kordone erfolgt dann wie bereits vorher beschrieben. Die Pflanzweite beträgt hier bei den vorgegebenen Kordonabständen von 40 cm bis zu 160 cm. Da in diesem Fall die Wuchskraftverteilung noch stärker zum Tragen kommt, ist die Verwendung von stärker wachsenden Unterlagen anzuraten.

Spätere Korrekturen sind bei der doppelten U-Form praktisch unmöglich.

Doppelte U-Formen sind in erster Linie Zierformen. Von den Obstarten sind vor allem Apfel und Birne für diese Formgebung gut geeignet. Sie könnte heute aber durchaus auch bei Süßkirschen oder bei einigen Pflaumenarten eingesetzt werden.

Durch die Erziehung doppelter U-Formen kann nochmals eine gewisse Wachstumsschwächung erreicht werden. Für die Heranzucht muss allerdings mehr Zeit veranschlagt werden.

Palmetto-Formen

Palmetto-Kronen sind zu den größeren Spalierformen zu zählen. Sie besitzen einen geraden Mitteltrieb, von dem in mehreren Etagen übereinander waagrechte oder schräg verlaufende Seitenäste abgehen, die alle in ein und derselben Ebene verlaufen.

Die Zahl der Etagen reicht meist von einer bis zu fünf, es sind aber durchaus auch mehr denkbar. Um eine entsprechende Wuchskraft sicherzustellen, sollten mindestens mittel- bis starkwüchsige Unterlagen eingesetzt werden. Bei niedrigeren Mauern oder kleineren Wandflächen wird man aber auch mit schwächer wachsenden Unterlagen das Auslangen finden.

Auch mehr als fünf Etagen sind möglich.

Palmetto-Formen sind für die Obstarten Apfel, Birne, Süßkirsche und für viele Pflaumen geeignet, für Steinobstarten, wie Pfirsich und Marille, sowie Sauer-

Anschnitt der einjährigen Veredlung auf drei geeignete Knospen im ausgehenden Winter

kirsche sind diese doch sehr strengen Formen allerdings weniger geeignet. In einem solchen Fall hat sich der Aufbau einer Fächerkrone (gewöhnliche unregelmäßige Spaliere) als deutlich besser herausgestellt.

Palmetto-Spaliere benötigen, wie alle strengeren Formen, eine geeignete Unterstützung, ganz gleich ob sie an Haus- oder Mauerwänden hinaufoder als freie Hecke an einem System aus Säulen und Drähten gerzogen werden.

Die Höhe der Lattung an der Wand bzw. der Abstand der Latten oder der Drähte am jeweiligen Gerüst sollte den Spalierstufen (Abstand ca. 40–50 cm) entsprechen.

Für die Pflanzung (am günstigsten im Herbst) wird am besten eine einjährige Veredlung verwendet, die im Anschluss daran in etwa 40–50 cm Höhe auf drei gesunde Knospen angeschnitten wird (Abb. links). Der spätere Austrieb der obersten Knospe bildet die weitere Stammverlängerung, die beiden folgenden Triebe werden für die Bildung der beiden untersten Seitentriebe herangezogen. Alle weiteren sich noch bildenden Triebe, vor allem im Stammbereich, sind vorerst zu entfernen. Besitzt die für die Pflanzung vorgesehene Veredlung bereits vorzeitige Austriebe, wählt man zwei in 40–50 cm Stammhöhe entspringende, günstig stehende Seitentriebe. Am vorteilhaftesten für die weitere Entwicklung ist es, sie gleich schräg, ca. in einem Winkel von 45° am Spalier zu befestigen und in gleicher Höhe um ⅓ bis die Hälfte zurückzuschneiden. Die Stammverlängerung sollte dann etwa 30–40 cm über dem zu oberst ansetzenden Seitentrieb auf eine nach außen gerichtete Knospe angeschnitten und die sich entwickelnde Verlängerung dann am Gerüst angeheftet werden.

Ältere, gut gegliederte Palmette mit schräggeführten Seitenästen (fünf Etagen)

Im Sommer des ersten Jahres kann die vorgesehene Stammverlängerung, um eine gute Vertikale zu erreichen, zusätzlich an einem Stab angeheftet werden. Die Austriebe der beiden schräg angehefteten Seitentriebe werden vorerst in dieser Stellung belassen, da eine sofortige horizontale Erziehung das Wachstum zu sehr bremsen würde.

Ist die Entwicklung trotzdem noch unausgewogen, kann man z. B. durch ein Absenken des stärkeren Triebes bzw. durch ein Anheben des schwächeren Triebes relativ leicht eine Regulierung des Triebwachstums erreichen.

Im Spätsommer werden dann die beiden Seitentriebe, sofern eine Palmettenform mit waagrechten Seitentrieben erzogen werden soll, vorsichtig in die Waagrechte gebracht und am jeweiligen Gerüst festgebunden. Sollte das Wachstum insgesamt zu schwach ausgefallen sein, wird beim Winterschnitt wieder mindestens um ⅓ eingekürzt.

Um die nächste Etage aufzubauen wird die Stammverlängerung im ausgehenden Winter wieder ca. 40–50 cm oberhalb der Basisäste (erste Etage) ange-

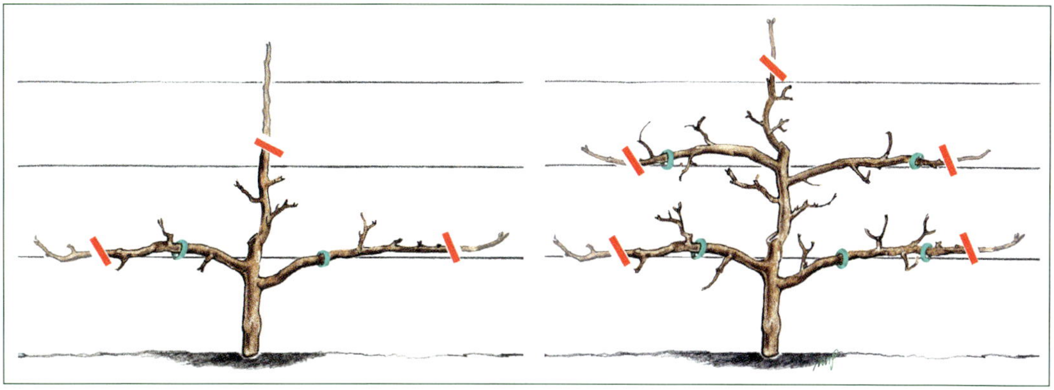

Schnitt und Befestigung zu Beginn des zweiten (links) und dritten (rechts) Standjahres

schnitten. Auch hier sollten wieder drei gut entwickelte Knospen vorhanden sein.

Mit den neuen Austrieben wird im nächsten Jahr (zweites Standjahr) dann in ähnlicher Weise die zweite Etage erzogen: In den Sommermonaten werden die Leittriebe, wie bereits bei der Erziehung der ersten Etage beschrieben, zuerst im 45° Winkel wachsen gelassen und im Spätsommer bzw. Frühherbst vor der vollständigen Verholzung auf die Höhe des zweiten Drahtes abge-

Palmette mit einer (links) und zwei (rechts) Etagen.

senkt. Bei schwächerem Wachstum werden die Triebe eingekürzt. In dieser Art und Weise wird dann weiter verfahren, bis die gewünschte Etagenzahl erreicht ist.

Ist die Krone des Spalierbaumes fertig aufgebaut, ist es in den folgenden Jahren wichtig, Fehlentwicklungen mithilfe von geeigneten Schnittmaßnahmen entgegenzuwirken und zu korrigieren.

Die Palmette wird hauptsächlich im Sommer geschnitten.

Die hauptsächliche Schnittarbeit wird dabei in den Sommermonaten durchzuführen sein (Lorette-Schnitt). Dabei werden mit dem Triebwachstum abgeschlossene Seitenzweige, die länger als 25 cm sind, auf 3–4 Blätter oberhalb der Blattrosette zurückgenommen. Zu dichtes Fruchtholz wird am günstigsten im Winter ausgelichtet, die Stammverlängerung und zu lange Seitentriebe werden im ausgehenden Winter eingekürzt.

Palmette mit schräg geführten Seitenästen

Diese Form ist besonders für den noch weniger geübten Obstliebhaber geeignet, da Schnitt und Erziehung relativ einfach durchzuführen sind.

Für die Pflanzung wählt man am besten eine einjährige Veredlung mit vorzeitigen Austrieben. Als Stammhöhe werden bei allen Formen etwa 50 cm gewählt; in diesem Bereich befindliche tieferstehende Austriebe werden sofort entfernt. Von den darüberstehenden Seitentrieben wählt man zwei passende gegenüberliegende aus und befestigt sie in einem Winkel von ca. 45° am Stützgerüst. Um einen entsprechenden Austrieb sicherzustellen, werden sie etwa um ⅓ ihrer Länge zurückgenommen.

Fertig aufgebaute Palmetto-Krone mit fünf Etagen vor dem Schnitt

Wichtig:

Der Anschnitt hat unbedingt in der Saftwaage zu erfolgen, um einen gleichmäßigen Austrieb sicherzustellen.

Die Stammverlängerung (Mitteltrieb) wird etwa 40 cm über dem Ansatz der beiden Seitentriebe ebenfalls angeschnitten. In diesem Bereich sollten sich wieder drei gut entwickelte Knospen befinden, die dann den Ansatz für die nächste Etage bilden. Bilden sich im Pflanzjahr an den Seitentrieben der ersten Etage bereits erste Triebe, sollten sie bei einer Länge von 10–15 cm entspitzt werden. Folgen noch weitere Austriebe aus den entspitzten Trieben, ist es günstig, nochmals auf 1–2 Blätter zurückzuschneiden. Diese Grünbehandlung ist dann in weiterer Folge bei jeder anderen Etage ebenfalls durchzuführen.

Bei entsprechend kräftigem Austrieb der beiden Seitentriebe und der Stammverlängerung (> 60–70 cm) kann im zweiten Jahr bereits mit dem Aufbau der zweiten Etage begonnen werden. Man schneidet den Mitteltrieb wie im ersten Jahr an und anschließend die zwei Seitentriebe so weit zurück, dass sie insge-

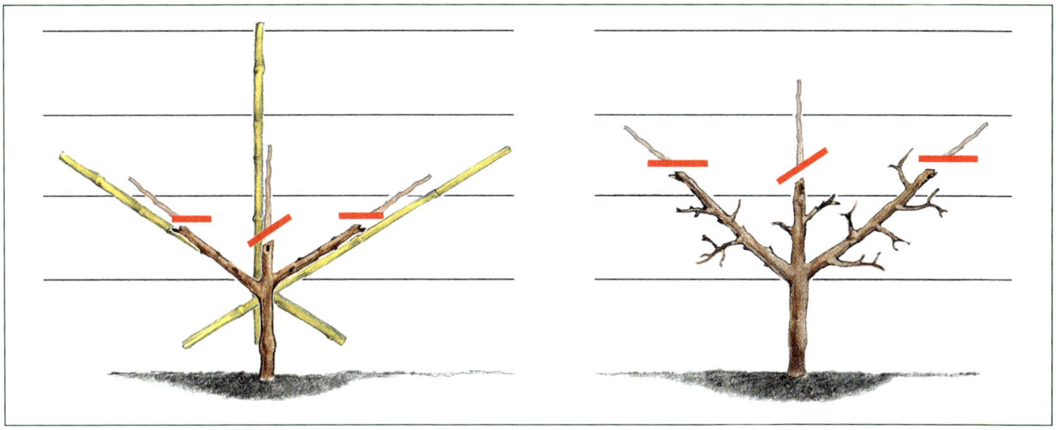

Nach der Pflanzung werden die Seitentriebe um 1/3 zurückgeschnitten (links). Zurückschneiden der Triebe im zweiten Standjahr (rechts)

samt eine Ebene bilden. Das schafft in der Regel die Gewähr, dass die Knospen gleichmäßig stark austreiben.

Bei schwächeren Unterlagen ist es besser, mit der Anlage der zweiten Etage noch ein Jahr zu warten.

In einem solchen Fall ist der Mitteltrieb nochmals kräftig auf ein nach vorne gerichtetes Auge zurückzunehmen und auch die beiden Seitenäste sollten bis auf diese Schnitthöhe zurückgesetzt werden. Damit ist ein möglichst gleichmäßiger Austrieb aller Triebe sichergestellt.

In dieser Form können nun die einzelnen Etagen aufgebaut werden, bis die endgültige Kronenhöhe erreicht ist. Mit der letzten Etage wird der Mitteltrieb nicht mehr benötigt. Es werden daher nur mehr zwei Seitentriebe herangezogen (Abb. unten).

Fertig gezogene Palmetto-Krone mit schräg geführten Seitenästen und ausreichender Fruchtgarnierung

Die Belgische Hecke

Diese Heckenform, auch manchmal als Kreuzspalier oder Schräges Doppelkordonspalier bezeichnet, kann als Vorläufer für die Dichtpflanzungssysteme im Intensivobstbau angesehen werden. Man kann diese Form an Wänden und Mauern, aber auch sehr leicht als freistehende Hecke für Einfriedungen erziehen (Abb. unten).

Wichtig:

Bei der Erstellung der freien Hecke ist die Einhaltung einer Nord-Süd-Richtung für eine gleichmäßige Besonnung beider Heckenseiten sicherzustellen.

Die Grundform ist die Palmette.

Die Grundform stellt eine Palmette dar, die allerdings nur zwei schräg geführte Seitenäste besitzt. Durch die sehr enge Pflanzung überkreuzen sich diese schrägen Äste an vielen Stellen und tragen dadurch zur Verbesserung der Stabilität bei.

Zur Heranzucht einer Belgischen Hecke werden entweder einjährige Veredlungen oder bereits schon in einer Baumschule vorbereitete Bäumchen von Apfel oder Birne verwendet. Um ein exaktes Formieren sicherzustellen, ist es notwendig, noch vor der Pflanzung ein entsprechendes Gerüst (Drahtgerüst) aufzustellen.

Zwei Knospen müssen passend gegenübersitzen

Beim Pflanzen von einjährigen Okulanten bzw. beim nachfolgenden Anschnitt ist darauf zu achten, dass jeweils zwei passende gegenüberliegende Knospen an geeigneter Stelle sitzen. Diese sind für die zukünftige Heranzucht der Leitäste bestimmt. Die Pflanzentfernung beträgt 50–80 cm.

Im Pflanzjahr kann der Schnittaufwand gering gehalten werden. Die beiden neugebildeten Triebe werden in einem Winkel von 45° an das Drahtspalier angeheftet und können sich im unteren Bereich durchaus bereits überkreuzen.

Das Überkreuzen der Äste verbessert die Stabilität.

Eine gut aufgebaute Belgische Hecke kann auch als Sichtschutz dienen.

Im zweiten Jahr werden die beiden Kordone, je nach Wuchsstärke, etwa bis zur Hälfte zurückgeschnitten. Der Neuaustrieb wird dann in gleicher Richtung weitergeführt. Der Schnitt im dritten Jahr wird ähnlich durchgeführt wie in den Jahren zuvor. Im Regelfall ist eine derartige Heckenform im vierten, längstens jedoch im fünften Jahr fertig aufgebaut (Abb. oben).

Die Schnittbehandlung der Seitentriebe an den beiden Hauptästen ist ähnlich durchzuführen wie bei der schräggezogenen Palmette.

An den Stellen, an denen sich die Äste kreuzen, kann durch leichtes Einschneiden (seichte Verwundung) mit nachfolgendem Zusammenbinden ein Zusammenwachsen der Kordone induziert werden. Man bezeichnet ein derartiges Vorgehen als Ablaktieren.

Dieses Zusammenwachsen kann die Standfestigkeit dieser Heckenformation erheblich steigern. Die Form wurde vor allem bei verschiedenen Birnensorten, wie Amanlis Butterbirne, Williams Christ, Gute Luise, Gellerts Butterbirne, Herzogin von Angoulème, Diels Butterbirne etc. eingesetzt. Als Unterlagen wurden entsprechende Bodenverhältnisse vorausgesetzt und mittelstark wachsende Quittenunterlagen verwendet.

Das Zusammenwachsen fördert die Standfestigkeit.

Die Armleuchter-Palmette (Verrierpalmette)

Diese spezielle Spalierform, aus Frankreich stammend, gehört zu den größeren Kronenformen und kann mit einer beliebigen Anzahl von Ästen gezogen werden. Durch die Kombination mehrerer in- und übereinander angeordneter U-Formen besitzt sie die Form eines großen Armleuchters. Am zweckmäßigsten hat sich eine Form mit drei bis sechs Doppelarmen erwiesen.

Kann mit beliebig vielen Ästen gezogen werden.

Es sollte jedoch immer eine gerade Zahl beibehalten werden, um einer Mittelachse auszuweichen, die die Entwicklung und das Gleichgewicht ungünstig beeinflussen kann.

Auch die Stammverlängerung wird gekürzt.

Will man höhere Wände bekleiden, sollten weniger Äste, bei niedrigeren Flächen oder Mauern eher mehr Seitenäste eingeplant werden (Wuchskraftverteilung!). Als Pflanzgut verwendet man in der Regel eine einjährige Veredlung auf mittelstarker bis starker Unterlage. Besitzt sie noch keine vorzeitigen oder nicht geeignete Seitenaustriebe, so wird am besten auf eine Stammhöhe von 40–50 cm mit drei gut ausgebildeten Knospen angeschnitten. Von den drei Knospen sollten die beiden seitlich nach links und rechts und das oberste Auge von der Wandfläche wegweisen. Alle anderen Knospen und Austriebe müssen im Stammbereich entfernt werden.

Die sich später aus den beiden seitlichen Knospen entwickelnden Triebe werden schräg aufwärts am Spalier befestigt, der obere Austrieb wird als Stammverlängerung vertikal weitergeführt und ebenfalls angeheftet. Hat die einjährige Veredlung bereits geeignete vorzeitige Austriebe, die in entsprechender Höhe (40–50 cm) am Stämmchen ansetzen, so werden die beiden seitlichen Triebe nach entsprechendem Rückschnitt (⅓–¼) sofort schräg am Gerüst angebunden.

Das sollte nicht zu flach geschehen, um einen entsprechenden Austrieb sicherzustellen.

Ältere Verrierpalmette mit nur zwei Astpaaren

Die Stammverlängerung (Mitteltrieb) kürzt man ebenfalls etwa 40 cm über den Seitentrieben auf eine nach außen gerichtete Knospe ein und befestigt sie ebenfalls am Gerüst (Abb.).

Wenn die neu gebildeten Seitentriebe eine entsprechende Länge erreicht haben, kann mit dem exakten Formieren begonnen werden. Die notwendige Länge hängt dabei jeweils davon ab, ob eine 4-, 6- oder 8-armige Verrierpalmette erzogen werden soll. Wird die notwendige Länge für das erste Astpaar im ersten Jahr nicht erreicht, werden die Seitenäste im Winter um ⅓–¼ ihrer Länge eingekürzt, um im folgenden Jahr einen kräftigen Austrieb zu erreichen. Auch die Stammverlängerung wird im Winter auf ca. 40 cm über den Seitentrieben zurückgeschnitten, das zweite Gerüstpaar aber erst dann erzogen, wenn sich die unterste Etage entsprechend entwickelt hat.

Haben die beiden untersten Seitentriebe die entsprechende Länge erreicht (bei geplanten sechs Armen ca. 120 cm), werden sie waagrecht formiert und am Spalier befestigt. Anschließend werden die Enden der Triebe vorsichtig an den passenden senkrechten Spalierlatten aufgerichtet und befestigt. Durch behutsames Drehen der Spitzen um die eigene Achse, kann ein Abbrechen der Triebspitzen meist verhindert werden.

Grünschnitt und Formierarbeiten im Sommer des ersten und zweiten Standjahres

> Oft benötigt man für die Erziehung der ersten Etage doch zwei Jahre, bis in nächsten Schritten an den Weiteraufbau der Krone gedacht werden kann. Die bereits senkrechten Triebenden der unteren Etage sollten mindestens 30–40 cm lang sein.

Ist diese Länge erreicht, wird die Stammverlängerung im Winter wieder auf etwa 40–50 cm Länge zurückgenommen. Wichtig ist dabei, dass sich im Schnittbereich wieder drei gut ausgebildete Knospen befinden, die den nachfolgenden Austrieb sicherstellen.

Neuaustriebe wie die Triebe vom Vorjahr behandeln.

Diese Neuaustriebe werden nun in gleicher Weise behandelt wie die Triebe aus dem Vorjahr. Die beiden Seitentriebe werden vorerst schräg nach oben, die Stammverlängerung senkrecht am Lattengerüst befestigt. Da die seitlichen Triebe bei den folgenden Triebpaaren nicht mehr so lange sein müssen, können sie bereits früher (meist bereits im August) in die jeweils passende Form gebracht werden. Die Triebspitzen werden wieder entsprechend aufgerichtet und am Gerüst angeheftet.

Vereinzelt kann es jedoch vorkommen, dass der Verholzungsgrad der Triebe ein entsprechendes Biegen nicht mehr zulässt. In diesem Fall können im Holz des Triebes an der Biegestelle einige Einschnitte angebracht werden. Damit kann ein Triebbruch fast immer verhindert werden (Abb. S. 58).

> Treiben am unteren Astpaar im zweiten/dritten Jahr bereits seitliche Knospen aus, so entspitzt man die aufstehenden Triebe.

Man fördert dadurch zum einen die Blütenknospenbildung, zum anderen begünstigt man das Längenwachstum des tieferstehenden Astpaares.

Haben nun die senkrecht stehenden Triebenden der ersten beiden Armpaare mindestens die Höhe der Anschnittstelle an der Stammverlängerung erreicht,

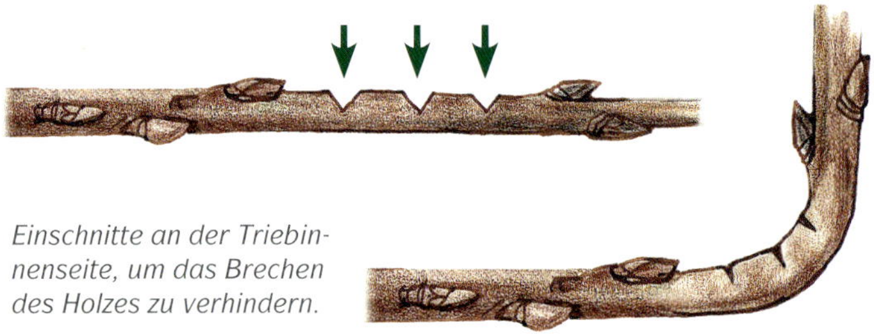

Einschnitte an der Triebinnenseite, um das Brechen des Holzes zu verhindern.

Drei geeignete Knospen müssen im Anschnittbereich vorhanden sein.

kann man mit dem Aufbau des nächsten Armpaares beginnen. Man schneidet den Mitteltrieb im Winter auf eine Länge von ca. 40 cm zurück, wobei wieder darauf zu achten ist, dass drei geeignete Knospen (zwei sich gegenüberstehende für das nächste Astpaar und die zu oberst stehende nach vorne ausgerichtete Knospe für die Weiterführung des Mitteltriebes) im Anschnittbereich vorhanden sind.

Die Erziehung des dritten Gerüstpaares erfolgt nun in ähnlicher Weise wie bereits in den vorherigen Jahren. Weitere Gerüstpaare könnten dann ebenfalls in der bereits beschriebenen Weise herangezogen werden.

> Will man nun den Kronenaufbau abschließen, wird beim jeweils letzten Astpaar nur mehr auf jeweils zwei passende seitliche Knospen angeschnitten.

Alle übrigen Seitentriebe entfernen.

Alle übrigen Seitentriebe an der Stammverlängerung werden entfernt. Das letzte Astpaar wird wieder schräg angeheftet und ca. im August waagrecht gebunden und die Triebspitzen wieder senkrecht angeheftet. Über die geplanten Abstände der Astpaare sollte man sich bei Aufstellung des Gerüstes bereits im Klaren sein, um den Aufbau einer gleichmäßigen Kronenform sicherstellen zu können.

Weiterer Aufbau der Krone im Sommer des dritten und vierten Standjahres

Ist die jeweilige Grundform der Palmette (4-, 6- oder 8-armig) fertig aufgebaut, ist es wichtig, zukünftig das richtige Gleichgewicht zwischen den einzelnen Etagen sicherzustellen.

Gut aufgebaute Verrierpalmette mit drei Astpaaren nach dem Austrieb im Frühjahr

Vor allem die obersten Astpaare (die mittleren Äste) werden in ihrem Wuchs gegenüber den tiefer stehenden deutlich stärker gefördert. Bei der Erziehung und später auch bei der Instandhaltung der Krone ist deshalb darauf zu achten, dass die äußeren Äste am längsten sind, d. h. die anderen Astpaare etwas überragen. Aufgrund der Spitzenförderung werden sie sich etwas stärker entwickeln. Dadurch wird verhindert, dass die Kronenform aus dem Gleichgewicht gerät.

Beim jeweiligen jährlichen Rückschnitt ist exakt darauf zu achten, dass die inneren Astpaare stärker zurückgeschnitten werden als die äußeren. Die Schnittebene der Endknospen aller Astpaare muss sich dabei nach innen zu absenken.

Eine weitere Möglichkeit, um das Wachstum der äußeren Arme zu unterstützen, wäre, den Fruchtbehang außen gegenüber den inneren Astpaaren stärker zu reduzieren. Ein etwas geringerer Behang schränkt das Wachstum weniger stark ein. Weiters ist wichtig, dass in den folgenden Jahren die Fruchtholzbildung im Auge behalten wird. Zu dicht stehende bzw. auch nach innen wachsende Triebe sollten laufend entfernt werden. Auch abgetragenes Fruchtholz muss laufend bei den Winter- und Sommerschnittarbeiten entfernt werden.

Zu dicht stehende Triebe sollten entfernt werden.

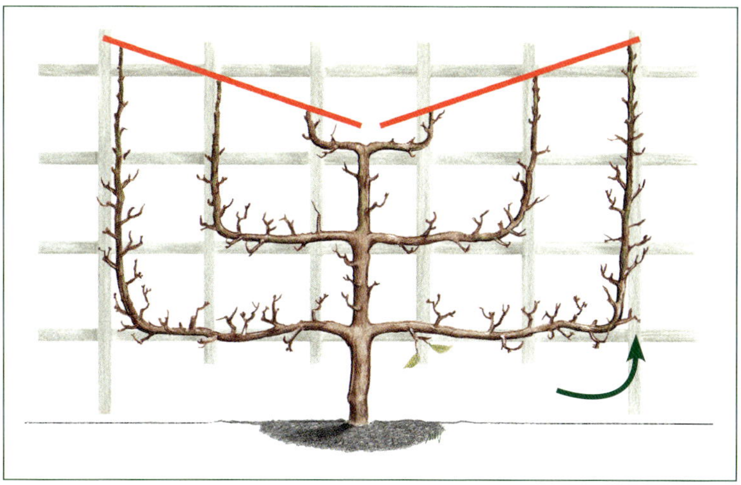

Die inneren Astpaare müssen stärker zurückgeschnitten werden.

Formlose Fächerspaliere

Durch die Neigung der Marille zur Langtriebbildung lassen sich auch schlanke Fächerspaliere heranziehen.

Wer der Heranzucht strengerer, exakter Formen nicht so viel abgewinnen kann, hat auch die Möglichkeit, auf eher unregelmäßige Spaliere (Fächerkronen) auszuweichen. Grundsätzlich sind aber auch in diesem Fall dieselben Regeln bei der Heranzucht zu beachten, wie bei den etwas strengeren Formen.

Fächerspaliere sind ebenfalls flache, zweidimensionale Formen, die sich vor allem für verschiedene Steinobstarten, wie Pfirsich und Marillen (Aprikosen) sowie Sauer- und Süßkirschen, eignen.

Die Form ist zwar hier etwas lockerer aufgebaut, doch muss auch bei solchen Kronen auf eine gleichmäßige Wachstumsförderung geachtet werden. In einer Krone treiben immer die höher liegenden Bereiche stärker als die tiefer stehenden. Es ist deshalb notwendig, im oberen Kronenbereich stärker regulierend einzugreifen, um zu vermeiden, dass im unteren Kronenbereich vorzeitiges Verkahlen und eine zu starke Wachstumsminderung eintritt. Beim „Laufenlassen" einer solchen Krone käme es relativ bald zum Überbauen und zur vollständigen Unterdrückung der unteren Kronenpartien. Bei der Heranzucht der Krone ist es deshalb günstiger, auf eine direkte Stammverlängerung zu verzichten. So kann ein Überbauen einer derartigen Krone weitgehend verhindert werden.

Als Unterlagen werden meist mittelstark wüchsige bis stark wüchsige eingesetzt. Damit ist ein Pflanzabstand von 4–5 m notwendig, um eine entsprechende Entwicklung der Fächer nach beiden Seiten sicherzustellen.

Diese Form ist am besten für Mauerhöhen bis zu 2 m einsetzbar, kann aber natürlich auch an jeder beliebigen Fläche, wie Haus- oder Scheunenwänden, erzogen werden.

Für die Heranzucht wird am besten ein stabiles Drahtgerüst vorbereitet. An den durchlaufenden Drähten können dann in den jeweils passenden Abständen die einzelnen Äste des Fächers befestigt werden. Für die Gerüsterstellung können natürlich auch andere Materialien, wie z. B. schwächere Holzlatten, eingesetzt werden.

Für den Aufbau am besten einjährige Veredlungen verwenden.

Für den Aufbau der Fächerspaliere werden am besten wieder einjährige Veredlungen mit oder ohne vorzeitige Seitenverzweigungen verwendet.

Nach der möglichst frühzeitigen Pflanzung im ausgehenden Winter sollte der endgültige Pflanzschnitt aber erst zu Vegetationsbeginn erfolgen.

Zu diesem Zeitpunkt ist nämlich beim Steinobst erst klar erkennbar, welche Knospen gesund und für einen Anschnitt am geeignetsten sind. Die geeigneten Erziehungstechniken werden bei den verschiedenen Obstarten besprochen.

Steinobst

Das ebenfalls zur Familie der Rosengewächse zählende Steinobst umfasst die Arten Süß- und Sauerkirsche, Pfirsich und Nektarine, Marillen (Aprikosen) sowie die große Gruppe der Pflaumen mit den Mutanten Pflaume, Zwetschke, Reneklode und Mirabelle. Die ausgebildeten Früchte sind Steinfrüchte, wobei eine meist saftige äußere Hülle den einzigen Samenkern, der von einer harten Schale umgeben ist, umschließt.

Steinobstfrüchte besitzen zwar nicht die Lagerfähigkeit von Äpfeln oder Birnen, eignen sich aber vor allem für den Frischgenuss und die Verarbeitung. Aufgrund schwächer wüchsiger Unterlagen ist die Erziehung kleinerer Baumformen jetzt auch beim Steinobst erleichtert und die Verwendung auch in kleineren Gärten möglich geworden.

Auf schwächer wüchsigen Unterlagen sind auch Steinobstspaliere möglich.

> Die Pflanzung sollte am besten im ausgehenden Winter (beginnendes Frühjahr) erfolgen, um Schäden durch die Winterkälte, etwa bei schlechtem Einwurzeln, zu vermeiden.

Formlose Fächerspaliere bei Pfirsichen und Nektarinen

Einjährige Veredlungen (Heister) besitzen bei Pfirsichen und Nektarinen bereits zahlreiche vorzeitige Seitentriebe, aus denen die für eine Fächererziehung geeigneten zwei Seitentriebe (bei entsprechender Eignung können es auch vier sein) für die Erziehung der späteren Fächerrippen ausgewählt werden können. Die Stammhöhe sollte mindestens 40 cm betragen, jedoch über 60 cm Höhe nicht sehr viel hinausgehen.

Unter diesem Anschnitt sollten sich nun die auf beiden Seiten des Stämmchens geeigneten Seitentriebe befinden, die zu Fächern erzogen werden können. Alle anderen Seitentriebe müssen dann entfernt werden.

Die günstige Verteilung der Fächeräste dieses Marillenspaliers verspricht einen ausreichenden Lichteinfall und damit eine gute Fruchtentwicklung.

Am Anfang sollten 2–4 Triebe belassen werden.

> Die ausgewählten Seitentriebe (zwei oder vier) werden etwa in einem Winkel von 45° am Gerüst befestigt und passend um ⅓ ihrer Länge eingekürzt.

Im ersten Jahr entstehen aus den angeschnittenen Seitentrieben (zukünftigen Fächerrippen) nur Holztriebe, die im Frühjahr wieder entsprechend eingekürzt werden.

Um eine genaue und gleichmäßige Verteilung der Fächer zu erreichen, können die Austriebe während der Vegetationsperiode zusätzlich an vorbereiteten Bambusstäben festgebunden werden.

Im zweiten Standjahr bilden sich neben den Holztrieben, die nur Blattknospen in schlanker spitzer Form besitzen, auch bereits wahre Fruchttriebe, die im kommenden Jahr dann einen ersten Ertrag liefern. Wahre Fruchttriebe besitzen mindestens auf ⅔ ihrer Länge Knospenzwillinge (eine Blatt- und eine Blütenknospe) oder Knospendrillinge (eine Blattknospe mit jeweils zwei Blütenknospen), wobei die Blattknospe jeweils in der Mitte sitzt.

Am Anfang sollte man max. 2–4 der vorhandenen Triebe belassen (Abb. oben). Wichtig dabei ist, dass diese neu gebildeten Triebe ausreichend Licht bekommen. Deshalb sollten sie auch weiterhin schräg und entsprechend aufgelockert am vorhandenen Spalier befestigt werden. Entwickeln sich steilere Triebe in der Kronenmitte, sind sie rechtzeitig zu entfernen oder bei Brauchbarkeit auf geeignete Seitenverzweigungen abzusetzen und anzuheften (Ersatz- bzw. Reservetriebe).

Die gleichmäßige Verteilung der Triebe in der Fächerkrone ist wichtig.

Im dritten Standjahr werden zu Frühjahrsbeginn die Leittriebe (Fächer) wieder um ⅓ bis maximal um die Hälfte auf nach unten weisende Augen eingekürzt. Alle Triebe können naturgemäß nicht in der Krone belassen werden.

Vor allem falsche Fruchttriebe (schwache Triebe, die auf der gesamten Länge nur Blütenknospen aufweisen und deshalb vorzeitig verkahlen) und zu steil stehende Triebe müssen beim Schnitt im ausgehenden Winter ganz entfernt werden.

Fruchttriebe auf 4–8 Knospendrillinge einkürzen!

Wahre Fruchttriebe werden auf 4–8 Knospendrillinge eingekürzt. Damit ist sichergestellt, dass die sich hier entwickelnden Früchte entsprechend gut ausgebildet werden und sich gleichzeitig aus den Holzknospen wieder entsprechende „wahre Fruchttriebe" entwickeln können. Der Abstand zwischen den am Ende sitzenden Fruchttrieben sollte mindestens 20 cm betragen.

Um auch in späteren Jahren im unteren Kronenbereich ein entsprechendes Wachstum sicherzustellen, ist hier etwas schärfer (also kürzer) zu schneiden. Dagegen können die wahren Fruchttriebe im oberen Kronenbereich etwas länger angeschnitten werden. Der dadurch erreichte höhere Fruchtansatz hilft gleichzeitig, das Wachstum im Spitzenbereich zu bremsen. Damit kann ein gewisser Ausgleich geschaffen werden.

Pfirsiche und Nektarinen fruchten an einjährigen Trieben. Werden die Neutriebe daher nicht geschnitten, kommt es relativ rasch zu einer Verkahlung.

Um junges Fruchtholz zu erhalten, ist also ein jährlich entsprechender Rückschnitt erforderlich.

Gleichmäßig verteilte Gerüstäste sorgen für ein stabiles Gleichgewicht innerhalb der Fächerkrone.

Dazu kommt noch, dass auch das aufgebaute Fächerspalier entsprechend in Form gehalten werden muss, d. h., abgetragene und bereits verkahlte stärkere Äste müssen rechtzeitig durch passende junge Triebe ersetzt werden, um das Potential des jeweiligen Spaliers immer voll ausnützen zu können.

Dem Schnitt der Pfirsichbäume kommt gerade in nicht mehr so günstigen Klimagebieten besondere Bedeutung zu, da das Holz der Neutriebe fast nie ganz ausreifen kann und daher gegenüber Frost empfindlicher reagiert. Aufgrund der ausgeprägten Spitzenförderung neigen Pfirsich und Nektarine außerdem auch dazu, von innen her rasch zu verkahlen. Dabei sterben vor allem vorzeitige Triebe und meist auch schwächere Jahrestriebe ab, wobei es zusätzlich auch noch zu Gummiflussbildung kommen kann. Außerdem ist die Austriebsfähigkeit der vege-

Ast eines Pfirsichbaums vor und nach dem Schnitt

tativen Knospen (Holzknospen) auf ein bis zwei Jahre begrenzt und die Neigung zur Ausbildung von Adventivknospen kaum vorhanden.

Es ist daher auch bei der Erziehung einer Pfirsichfächerkrone notwendig, jedes Jahr einen scharfen Rückschnitt nicht nur der stärkeren Triebe, sondern innerhalb der gesamten Krone durchzuführen.

Dabei sollten vor allem die schwächeren Triebe möglichst kurz (auf ein bis zwei Augen), also auf Ersatz, angeschnitten werden, um ihre Triebkraft zu erhalten. Sie sollten vorerst keine Früchte ansetzen. Im Interesse einer längeren Lebensdauer und natürlich auch der alljährlichen Qualitätsernten müssen im gesamten Kronenbereich jährlich kräftige Ersatztriebe zur Entwicklung kommen. Nur solche Triebe können im Folgejahr wieder blühen und entsprechend fruchten. Am günstigsten ist es, abgetragenes Fruchtholz gleich nach Abschluss der Erntearbeiten wegzuschneiden. Damit werden die verbleibenden Ersatztriebe während der restlichen Vegetationsperiode besser besonnt und ernährt und können sich so zu kräftigen Langtrieben entwickeln.

Der Pfirsichschnitt ähnelt etwa dem Schnitt beim Wein, wo in ähnlicher Weise auf Ertrags- und Ersatzholz geschnitten wird. Die Ersatzzapfen sollten dabei, wenn möglich, immer unter dem Ertragstrieb zu stehen kommen.

Süßkirschen

Die aus Vorderasien stammende Süßkirsche (*P. avium*) wurde, wie viele andere Kulturpflanzen auch, von den Römern nach Mitteleuropa gebracht und dort weiterkultiviert. Durch die Abstammung von der Vogelkirsche ist der Wuchs sehr stark und von einer ausgeprägten Spitzenförderung charakterisiert. Auf den gängigen Unterlagen entwickelten sich die Süßkirschensorten meist zu relativ großen Bäumen. Auch durch Schnitt- und Formierarbeiten war an eine Erziehung niedriger, kleiner Baumformen nicht zu denken.

Ein weiterer Nachteil war die Selbststerilität der meisten Sorten, die zwingend einen Befruchtungspartner verlangten, der in geeigneter Nachbarschaft vorhanden sein musste.

Auch Bastardkirschen müssen ähnlich behandelt werden, liegen aber in ihrer Wüchsigkeit zwischen ihren Ausgangsarten Süß- und Sauerkirsche.

Aufgrund der in der zweiten Hälfte des zwanzigsten Jahrhunderts einsetzenden Selektions- und Züchtungsarbeiten bei Kirschenunterlagen stehen heute eine Reihe von schwächer wachsenden Unterlagen für Süßkirschen zur Verfügung. Die heute bereits in der Praxis verwendeten **Gisela-** und **Weiroot-**Unterlagen (z. B. **Gisela 5** und **6** bzw. **Weiroot 53, 72, 158**) induzieren eine frühzeitige und ausreichende Verzweigung, einen frühen Ertragseintritt und einen relativ flachen Astabgang, wodurch notwendige Schnitt- und Formierarbeiten deutlich erleichtert werden.

Standortansprüche

An die Bodenbeschaffenheit stellt die Süßkirsche keine besonderen Ansprüche, allerdings sind kühle, feuchte und schwere Böden eher ungeeignet. Bei leichten, sandigen, durchlässigen Böden ist bei Verwendung von schwächeren Unterlagen für eine entsprechende Ernte in Trockenzeiten eine Zusatzbewässerung notwendig. Die Frosthärte der Süßkirsche ist ausreichend (bis –20 °C), die frühe Blüte kann allerdings in manchen Jahren durch Spätfröste in Mitleidenschaft gezogen werden.

Für die Süßkirsche sind feuchte Böden eher ungeeignet

Süßkirschen sind großteils selbst unfruchtbar und benötigen einen Befruchtungspartner. Allerdings kommt erschwerend dazu, dass nicht jede Süßkirschensorte jede beliebige andere befruchten kann.

Zur leichteren Übersicht wurden nun die Sorten im Intersterilitätsgruppen zusammengefasst. Damit ist es möglich, ungeeignete Partner gleich auszuschließen. Hat man nur wenig Platz, kann auch ein geeigneter Partner in die jeweilige Krone einveredelt werden.

Schnitt- und Erziehung

Die Süßkirsche wächst von Natur aus stark und aufstrebend, so dass bisherige Versuche einer heckenförmigen Kronengestaltung oder anderer niedrigerer Kronenformen meist nicht von großem Erfolg gekrönt waren. Erst der Einsatz der neuen Unterlagen brachte schließlich bessere Ergebnisse.

Durch den Einsatz schwach wachsender Unterlagen können auch Süßkirschen als niedrige Heckenform erzogen werden.

Kordonerziehung

Diese Erziehungsform wird in der Praxis vor allem bei der Produktion von Süßkirschen unter Glas oder Folie verwendet.

> Bei Pflanzabständen von 50–70 cm werden dabei schlanke, säulenartige, senkrechte Kordone erzogen, die nach einigen Jahren auf der gesamten Achsenlänge nur Fruchtholz (Buketttriebe) aufweisen.

Für den Gartenliebhaber ist es aber günstiger, zusätzlich zumindest zwei basale Seitenäste zu erziehen. Die beiden Triebe sollten möglichst waagrecht formiert und am Gerüst befestigt werden, um das Spitzenwachstum des Kordons zu bremsen. Die schwächer austreibenden Knospen entwickeln sich später zu Buketttrieben und bilden relativ rasch Blütenknospen aus.

Wichtig:

Während der Wachstumsperiode sollten die neuen Austriebe in noch krautigem Zustand mehrmals entspitzt werden.

Dadurch wird immer wieder das Wachstum gebremst und eine laufende Blütenknospenbildung angeregt.

Das fertige Bäumchen sollte schließlich eine leicht pyramidale Form aufweisen. Nach Erreichen der Spalierhöhe wird die Spitze einfach auf einen möglichst waagrecht stehenden Seitentrieb abgeleitet. Auch die seitlichen Zuwächse müssen während der Vegetationsperiode laufend in Form gehalten werden. Günstigerweise kann dabei auch auf einzelne Buketttriebe zurückgeschnitten werden. Eine Verlängerung des Triebes wird dabei durch den Austrieb der in der Mitte sitzenden Blattknospe erreicht.

Auch beim Kirschenfächer ist die gleichmäßige Verteilung der Hauptäste wichtig.

Fächererziehung

Um die Süßkirsche als Fächerspalier erziehen zu können, benötigt man eine entsprechend große Wandfläche (Zaun oder Mauer mit mindestens 4–5 m Breite und etwa 3 m Höhe). Dazu sollte ein entsprechendes Gerüst (aus Latten oder ein Drahtrahmen) vorbereitet werden. Für die Pflanzung wird eine einjährige Veredlung (unverzweigt oder bereits mit Seitenverzweigung) verwendet.

Beim Pflanzschnitt wird der unverzweigte Jungbaum auf ca. 40 cm über dem Boden angeschnitten. Wenn die beiden Knospen austreiben, kann man die Triebe an vorher bereits am Gerüst festgemachten Stäben anheften. Alle anderen Sprosse müssen entfernt werden.

Diese beiden Austriebe stellen praktisch das Grundgerüst für den späteren Fächer dar.

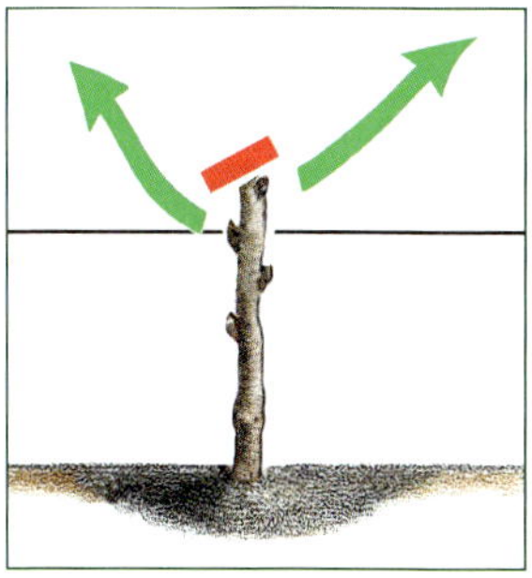

Der unverzweigte Jungbaum wird auf einer Höhe von 40 cm angeschnitten.

Zu Beginn des zweiten Standjahres werden die beiden Seitenäste auf etwa 40–50 cm Länge (4–6 Augen) eingekürzt. Gleichzeitig könnten bereits eine Anzahl entsprechend fächrig aufgeteilter Bambusstäbe am Gerüst befestigt werden, an denen später die passenden Austriebe angebunden werden können. So ist gewährleistet, dass sie etwa sternförmig in gleichmäßigen Abstand nach außen verlaufen.

Um den Fächer weiter aufzubauen, werden im Frühjahr des dritten Standjahres alle als Leittriebe geführten Triebe auf etwa 40–50 cm des vorjährigen Zuwachses zurückgenommen. Im Sommer wird der Fächer dann entsprechend den Zuwächsen weiter aufgefüllt. Überflüssige Triebe werden sofort entfernt und Seitentriebe auf etwa 10 cm eingekürzt. Sollte der Fächer im vierten Standjahr nicht fertig sein, können die Haupttriebe nochmals entsprechend angeschnitten werden. In Richtung Gerüstwand wachsende oder aus der Standardform herauswachsende Triebe sollten spätestens beim Frühjahrsschnitt entfernt werden.

Nach dem vollständigen Aufbau des Fächers wird es später auch immer wieder notwendig werden, älteres Fruchtholz zu entfernen bzw. im Sommer jeweils junge Seitentriebe zu pinzieren, um die Bildung von jungen Buketttrieben anzuregen.

Sollte der Fächer wider Erwarten doch über die vorhandene Gerüstwand hinauswachsen, wird man günstigerweise auf weiter unten abzweigende schwächere Seitentriebe zurücknehmen. Es sollte auch darauf geachtet werden, dass keine Materialien zum Anbinden (Schnüre, Draht etc.) einwachsen (rechtzeitig lockern!).

Grünschnitt und Anheften der passenden Austriebe im Sommer des ersten Standjahres (links)
Zu Beginn des zweiten Standjahres werden die Triebe auf 50 cm Länge abgeschnitten (rechts).

Sauerkirsche *(Prunus cerasus)*

Die Sauerkirsche wächst schwächer als die Süßkirsche.

Die Sauerkirsche wächst deutlich schwächer als die Süßkirsche und ist deshalb in den Gärten auch oft als niederer Buschbaum zu finden. Die Stammform der Weichsel ist die Steinweichsel *(P. mahaleb)*, die mit ihrer reichlichen Verzweigung eher einen buschartigen Wuchs aufweist. Schattenmorellen besitzen daher eine sehr gute Verzweigung, beginnen aber auch sehr bald von innen heraus zu verkahlen.

Wichtig:

Daher relativ früh mit entsprechenden Schnittmaßnahmen (Rückschnitt, Auslichtung etc.) beginnen, damit die Krone luftig und ausgewogen bleibt.

Für eine Spaliererziehung hat sich die Fächerform als am geeignetsten erwiesen.

Sauerkirschen stellen deutlich geringere Ansprüche als Süßkirschen, sind anpassungsfähiger und weniger winter- und blütenfrostempfindlich. Sie gedeihen auch noch in etwas raueren Höhenlagen, allerdings sollten die Niederschläge wegen des Moniliabefalls nicht zu hoch sein. Der Boden sollte allerdings nicht zu schwer und nicht zu feucht sein.

Innerhalb der sehr formenreichen Art kommen sowohl selbstfertile als auch selbstunfruchtbare Sorten vor. Bei Einzelpflanzungen muss daher unbedingt darauf geachtet werden, ob ein Befruchtungspartner erforderlich ist. Die am weitesten verbreitete Sauerkirschensorte, die Schattenmorelle, ist selbstfruchtbar.

Sauerkirschen lassen sich relativ einfach an Wandgerüsten erziehen.

Fächererziehung

Diese Spalierform ist bei den Sauerkirschen relativ weit verbreitet. In einem solchen Fall ist es auch leichter, die reifenden Früchte vor Vogelfraß zu schützen.

Für einen Weichselfächer benötigt man eine ca. 3,5–4,5 m breite und mindestens 2 m hohe Haus- oder Mauerfläche.

Bevor mit dem Pflanzen begonnen wird, sollte auch hier ein entsprechendes Wandgerüst (ähnlich wie beim Pfirsich oder der Süßkirsche) errichtet werden, um später ein Gerüst von passenden Trieben im gleichmäßigen Abstand aufbauen zu können.

Für die Pflanzung werden meist einjährige Veredlungen mit vorzeitigen Trieben verwendet, von denen zwei gut platzierte kräftige Seitentriebe in 30–40 cm Höhe für den Aufbau der ersten Gerüstäste verwendet werden. Alle anderen unerwünschten Triebe werden vollständig entfernt. Die beiden Seitentriebe werden anschließend um etwa ein Drittel bis zur

Hälfte auf eine nach oben weisende Blattknospe gekürzt und in einem Winkel von etwa 45° am Gerüst befestigt. Am Ende der ersten Wachstumsperiode sollte jeder Ast einen entsprechenden Verlängerungstrieb und 3–4 Seitentriebe hervorgebracht haben.

Zu Beginn des zweiten Standjahres werden die auf jeder Seite belassenen Austriebe nochmals um etwa ⅓ eingekürzt. Die geeigneten Neuaustriebe werden dann gleichmäßig über die gesamte zur Verfügung stehende Fläche aufgeteilt. Sollten sich beim Aufbau noch Lücken ergeben, muss durch nochmaligen Rückschnitt von Gerüstästen versucht werden, neue Austriebe zu erreichen und in den Aufbau der Krone einzubinden.

Kirschenfächer sind bei geeigneter Unterlage auch am Drahtgerüst unter 2 m Höhe zu halten.

Ist die Fächerkrone aufgebaut, gilt es natürlich später auch hier, dafür zu sorgen, dass altes, bereits abgetragenes Holz durch junge Neuaustriebe ersetzt wird. Im Frühsommer ist es wichtig, die jungen, auf den Gerüstästen nachwachsenden Triebe auszulichten, wobei günstigerweise ein Abstand von 10–15 cm eingehalten werden sollte. Kürzere und mittellange einjährige Triebe haben meist nur an der Spitze eine vegetative Knospe, über die das Wachstum der Triebe fortgesetzt werden kann. Alle übrigen Knospen sind meist Blütenknospen.

Diese Triebe werden nach der Ernte verkahlen und müssen daher, wenn sie bereits zu lang geworden sind, entfernt bzw. stark zurückgeschnitten werden (Peitschentriebbildung).

Nach der Ernte werden daher vor allem die abgetragenen Äste bis auf passende Ersatztriebe an der Basis zurückgeschnitten.

Ältere Weichselbäume tragen oft im Inneren nur mehr sehr spärlich. In diesem Fall schneidet man bereits im Spätsommer nach der Ernte oder dann zu Frühjahrsbeginn die vier- bis fünfjährigen Triebe auf junge Seitentriebe zurück. Bei entsprechend wüchsigen Bäumen kann dadurch jedes Jahr bis zu einem Viertel des alten Fruchtholzes ersetzt werden.

Formlose Fächerkrone bei Marille

Die Marille hat im gemäßigten Klima eine niedrige Lebenserwartung.

Neben den Hauptobstarten Apfel und Birne findet man auch die Marille (Aprikose) sehr häufig in den heimischen Gärten. Leider ist die Lebenserwartung in unseren gemäßigten Klimazonen sehr eingeschränkt. Es ist daher besonders wichtig, die jeweils gegebenen Standortverhältnisse möglichst optimal zu gestalten. Kalte, schwere, kalkarme Böden, womöglich noch mit zu hohem Grundwasserstand, sowie zu starke Düngung und die Verwendung ungeeigneter Unterlagen können die Entwicklung der Bäume sehr stark beeinflussen. Bei günstigen Verhältnissen, wie z. B. auch geschützten Haus- und Wandflächen, hat sich die aus den Trockengebieten Zentralasiens stammende Art aber als sehr zäh und widerstandsfähig erwiesen.

Erste Erträge kann man bereits nach 3–4 Jahren erwarten.

Allerdings besitzen Marillen die kürzeste Winterruhe aller Obstarten und können deshalb bei winterlichen Wärmeeinbrüchen (Weihnachtstauwetter) relativ rasch in Saft gehen und damit ihre Widerstandsfähigkeit gegenüber Winterfrösten verlieren.

Durch die sehr frühe Blüte besteht Spätfrostgefahr!

In kühleren Klimaten oder außerhalb der Weinbauzonen ist es daher wichtig, geschützte Standplätze für die Pflanzung heranzuziehen. Durch die sehr frühe Blüte besteht außerdem erhöhte Spätfrostgefahr, die bei Wandspalieren viel einfacher abgewehrt werden kann. Als Fächer erzogene Kronen lassen sich z. B. durch einfaches Abdecken relativ gut schützen, bei bereits größeren Bäumen ist eine derartige Maßnahme allerdings kaum mehr möglich.

Das Wachstum der Marillen ist vor allem in den ersten Jahren meist ziemlich kräftig. Daher werden vor allem wenige, aber kräftige Langtriebe mit vorerst geringer Seitentriebbildung gebildet. Dieser eher sparrige Wuchs der Marille kann die Erziehung einer Fächerkrone anfangs etwas erschweren. Wichtig ist vor allem, dass die vorgesehene Wandfläche nicht zu klein gewählt wird. Bei Verwendung von mittelstarkwachsenden Unterlagen (z. B. **St. Julien A**, **GF 655/2** u. a.) sollte sie mindestens 8–10 m² betragen. Die einzelnen Langtriebe sollten dann etwa 40–50 cm entfernt voneinander an einem vorbereiteten Draht- oder Lattengerüst leicht schräg aufwärts angeheftet werden.

Ein entsprechender Abstand, kombiniert mit einem leichten Rückschnitt der Langtriebe in den ersten Jahren, fördert vor allem die Fruchtholzgarnierung.

Nicht geeignete Triebe sollten konsequent entfernt werden, um stets eine ausreichende Belichtung innerhalb der Krone sicherzustellen.

Das Fruchtholz muss regelmäßig erneuert werden.

Die Marille fruchtet in erster Linie an Kurztrieben, daher ist es notwendig, auch das Fruchtholz regelmäßig zu erneuern und damit auch die Triebkraft des Baumes zu erhalten. Schwächt sich das Wachstum in späteren Jahren deutlich ab, kann ohne Weiteres auch in den älteren Kronenbereich zurückgeschnitten werden. Solche verjüngenden Schnitteingriffe werden am schonensten gleich nach der Ernte im Sommer durchgeführt.

Für die Erziehung eines Marillenfächers wird am besten ebenfalls eine einjährige Veredlung verwendet. Vorzeitige Triebe können, sofern sie in passender Höhe am Stamm ansetzen (40–50 cm über dem Boden), natürlich mit einbezogen werden. Die verwendeten Triebe sollten sich möglichst gegenüber stehen und etwa parallel zum Spalier verlaufen. Sind keine derartigen Triebe vorhanden, wird der einjährige Trieb im Frühjahr auf etwa 40–50 cm Höhe angeschnitten.

Im Laufe der Vegetationsperiode werden dann die zwei geeignetsten Austriebe im Winkel von ca. 45° am Gerüst angeheftet. Im Frühjahr des folgenden Jahres (zweites Standjahr) werden dann beide Triebe nochmals auf ca. 30–40 cm auf eine nach außen weisende Knospe angeschnitten. Von den an jedem Seitenast austreibenden Neutrieben werden dann 3–4 kräftigere und im Abstand passende Triebe für den weiteren Aufbau des Fächers verwendet. Im Frühjahr des dritten Jahres erfolgt nochmals ein etwas stärkerer Rückschnitt (ca. ⅓ der Trieblänge), um die Fruchtholzbildung (Kurztriebe) anzuregen und eine gleichmäßige Garnierung der gesamten Fächerkrone zu erreichen. In gleicher Weise erfolgt der Fächeraufbau auch bei Bäumchen mit vorzeitigen Trieben.

> Selbstverständlich sollte eine gleichmäßige Entwicklung auch während der Vegetationszeit beobachtet und notwendige Korrekturen sofort durchgeführt werden.

Das betrifft vor allem zu steil wachsende Triebe, die sich praktisch nicht formieren lassen. Bei gepflegten Kronen sind größere Schnitteingriffe meist nicht notwendig, aber verkahltes und unproduktives Altholz sollte alle 2–3 Jahre im Spätsommer immer wieder entfernt werden.

Das formlose Fächerspalier hat sich vor allem bei der Marille sicher am besten bewährt. Die Krankheitsanfälligkeit ist geringer und die Fruchtbarkeit der Bäume höher.

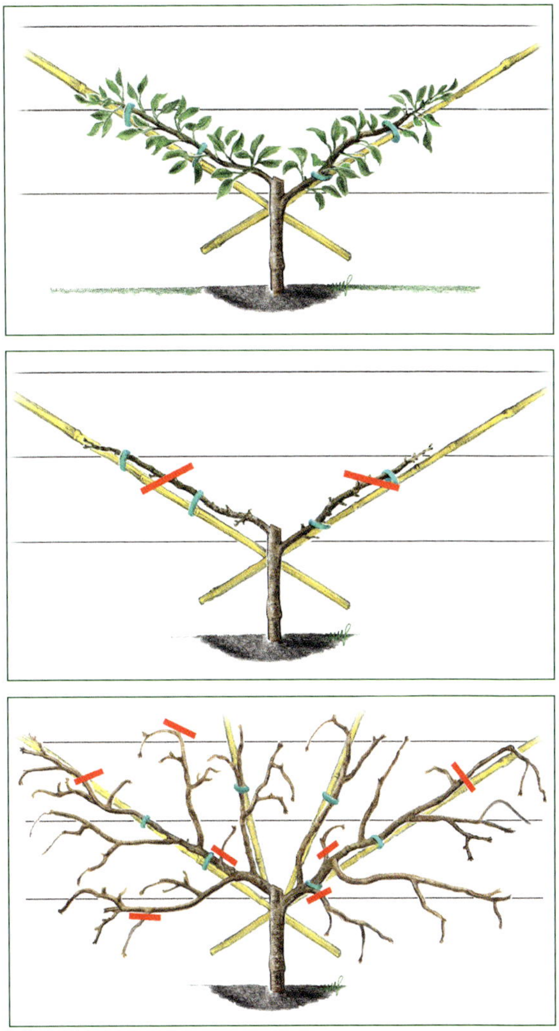

Die zwei Triebe werden im Winkel von 45 ° angeheftet (oben), im Frühjahr des zweiten Standjahres werden sie um ⅓ – ¼ eingekürzt (Mitte). Im Frühjahr des dritten bzw. vierten Standjahres können einzelne Hauptäste nochmals eingekürzt werden (unten).

Pflaumen und Zwetschken

Durch die bisherige Verwendung von eher stärker wachsenden Unterlagen (z. B. **Brompton**, **Myrobalanen** u. a.) waren in dieser Gruppe, zu der auch noch Renekloden und Mirabellen zählen, kleinere und niedrigere Baumformen nur sehr schwer heranzuziehen. Durch die in den letzten Jahren für diese Gruppe neu entwickelten mittelstark wachsenden Unterlagen (z. B. **St. Julien GF 655-2**, **Jaspy-fereley** u. a.) und schwach wachsende Neuzüchtungen (z. B. **Pixie**, **WA x WA** u. a.) ist es nun möglich, auch bei diesen Obstarten kleinere und pflegeleichtere Bäume (V-Formen, Schnurbäume bzw. auch Fächerspaliere) heranziehen.

Voraussetzung für den Einsatz dieser neuen Unterlagen sind aber entsprechende fruchtbare Böden und entsprechende Pflegemaßnahmen.

Schnittarbeiten sollten auch hier nicht im Herbst oder Winter, sondern besser gegen Ende des Frühjahrs, im Sommer oder nach der Ernte vorgenommen werden.

Dadurch wird das Infektionsrisiko für bestimmte Krankheiten deutlich verringert (wie Bleiglanz oder Bakterienbrand).

Fächerspalier – Erziehung

Versuchen Sie, ein sternförmiges Kronengerüst aufzubauen!

Um einen entsprechend lockeren Aufbau der Fächerkrone sicherzustellen, sind bei der Verwendung mittelstark wachsender Unterlagen Wandhöhen von 2,0–2,5 m und Breiten von 4,5–5,0 m erforderlich. Die Kronenerziehung wird in den Anfängen ähnlich durchgeführt wie bei Marille oder Pfirsich, d. h., es wird versucht, ein etwa sternförmiges Kronengerüst aufzubauen, das später das möglichst gleichmäßig verteilte Fruchtholz trägt. Für diese Form ist ebenfalls ein entsprechendes Gerüst mit horizontal verlaufenden Drähten oder geeigneten Holzlatten erforderlich, an dem die späteren Gerüstäste (Fächeräste) angeheftet werden. Der Abstand der Drähte bzw. Latten sollte 15–25 cm betragen und der unterste Draht ca. 40–50 cm vom Boden entfernt sein.

Die Pflanzung kann bei Pflaumen vom Herbst bis zum Frühlingsanfang erfolgen, mit dem Anschneiden sollte man aber besser bis zum Einsetzen etwas höherer Temperaturen zuwarten.

Wenn der Jungbaum unverzweigt ist (meist wird einjähriges Material verwendet), wird dann auf eine Knospe etwa 50–60 cm über dem Boden angeschnitten. Unterhalb dieser Knospe müssen sich mindestens zwei gesunde, entgegengesetzt ausgerichtete Knospen befinden. Bei entsprechend gutem Austrieb aller drei Knospen wird der oberste Austrieb, da er später zu dominant wäre, im Sommer weggeschnitten. Sind bereits vorzeitige Triebe vorhanden, wird auf zwei passende gegenständliche Seitenzweige angeschnitten. Diese beiden bilden dann die ersten Fächerrippen der neu zu bildenden Krone. Weitere darunterliegende Austriebe sind anfangs vollständig zu entfernen.

Anschnitt der einjährigen Veredlung auf passende Knospen (links). Früh im zweiten Standjahr werden die Hauptäste stark gekürzt (rechts).

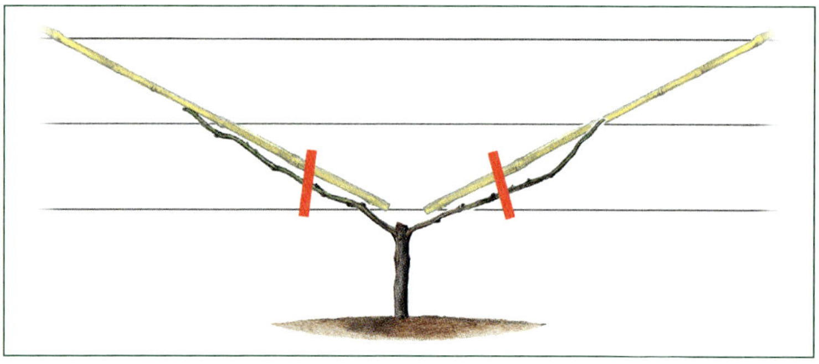

Im Frühsommer können zur Stabilisierung der Neuaustriebe 2 Führungsstäbe (Bambus) an den zu beiden Seiten der Haupttriebe verlaufenden Drähten im Winkel von etwa 45° befestigt werden. Weitere im Laufe der Vegetationszeit ausgebildete Neutriebe werden, wenn sie passend sind, ebenfalls angeheftet bzw. pinziert.

Zu Frühjahrsbeginn des zweiten Standjahres werden die Austriebe nochmals auf etwa 30–50 cm zurückgeschnitten. Dadurch können sich neue kräftige Austriebe entwickeln, die zum weiteren Aufbau der Fächerkrone verwendet werden. Auf jeder Seite des Fächers sollten sich, je nach Platzangebot, 3–4 kräftige Triebe entwickeln, die ebenfalls an vorher angebrachten Stäben fixiert werden.

Zu Beginn des zweiten Standjahres die Austriebe kräftig zurückschneiden!

Um eine gleichmäßige Garnierung der Fächerkrone sicherzustellen, wären 6–8 gleichmäßig verteilte stärkere Triebe notwendig.

Zusätzliche Triebe werden entsprechend ihrer Verwendbarkeit behandelt.

In den weiteren Jahren wird man, ausgehend vom vorhandenen Grundgerüst, geeignete Langtriebe überall dort, wo genügend Raum zur Verfügung steht, in die bestehende Krone einbinden. Ansonsten sind sie zeitgerecht zu entfernen. Durch rechtzeitige Grünschnittmaßnahmen im Sommer werden gleichzeitig kurze Fruchttriebe herangebildet.

Im dritten bzw. vierten Standjahr werden vier bis fünf Triebe auf jeder Seite ausgewählt und am Gerüst angeheftet.

Pflaumen und Zwetschken blühen an einjährigen Trieben und am kurzen Fruchtholz. Mit zunehmendem Alter ist daher die Neigung zum Verkahlen deutlich ansteigend. Spätere Schnittmaßnahmen sind deshalb so zu gestalten, dass sie sowohl die Langtrieb- wie die Kurztriebbildung angemessen fördern.

Alle Triebe in Richtung Mauer müssen entfernt werden.

Wichtig ist auch, dass zum jeweiligen Frühjahrsbeginn alle Triebe, die in Richtung Wand oder Mauer wachsen, entfernt werden. Der günstigste Abstand zwischen den einzelnen stärkeren Trieben sollte etwa 10–15 cm betragen. Werden die Distanzen zu gering, die Krone also zu dicht, muss durch geeignete

Schnittmaßnahmen gegengesteuert werden. Durch laufende Sommerschnittarbeiten (Entspitzen auf 4–6 Blätter) wird außerdem die Bildung von neuen Fruchttrieben immer wieder angeregt.

In späteren Jahren können natürlich auch größere Schnitteingriffe notwendig werden. Am besten werden solche Arbeiten gleich nach der Ernte bzw. im nächsten Frühjahr durchgeführt.

Entstandene Lücken können dann sehr rasch wieder mit neuen Austrieben gefüllt werden.

Beerenobst

Beerenobst ist für niedrige Spaliere geeignet!

Die sehr umfangreiche Gruppe umfasst vor allem auch verschiedene Vertreter der Gattungen Ribis (Johannis- und Stachelbeeren) und Rubus (Him- und Brombeeren). Aufgrund ihres strauchartigen Wuchses können Johannis- und Stachelbeeren nur für niedrige Spaliere (Hecken) oder Beeteinfassungen herangezogen werden. Brombeeren und diverse Hybridsorten wären dagegen auch für Grundstücksabgrenzungen einsetzbar. Die ebenfalls in dieser Gruppe zu besprechenden Weinreben und die Kiwis sind aufgrund ihres kräftigen und z. T. stark rankenden Wuchses auch für die Abdeckung von größeren Wand- und Mauerflächen sowie für die Erstellung von Pergolen einzusetzen.

Johannis- und Stachelbeeren

Die in unseren Klimaten verwendeten Johannis- und Stachelbeeren entwickeln sich auch in gemäßigten kühlen Gebieten sehr gut. Der Wärmeanspruch dieser Beerenarten ist deutlich geringer, so dass dadurch auch noch kühlere Höhenlagen für eine Auspflanzung möglich sind. Allerdings darf beim Einsatz von Schwarzen Johannisbeeren und auch bei der Verwendung früher blühender weißer und roter Sorten die Blütenfrostempfindlichkeit nicht außer Acht gelassen werden. Aufgrund der Vielzahl an vorliegenden Sorten hat der Hobbygärtner aber durchaus die Möglichkeit, eine für ihn geeignete Pflanze auszuwählen. Erkennbare Frostlagen sollten für eine Auspflanzung aber nicht herangezogen werden.

Johannis- und Stachelbeeren sind im Allgemeinen selbstfruchtbar. Es zeigt sich aber immer wieder, dass höhere Erträge nur über eine Fremdbestäubung zu erreichen sind.

Immer mindestens zwei verschiedene Sorten pflanzen!

Wenn es das Platzangebot erlaubt, sollten daher immer mindestens zwei verschiedene Sorten gepflanzt werden.

An die Gründigkeit des Bodens stellen Johannis- und Stachelbeeren zwar keine zu großen Anforderungen, der Oberboden sollte aber humos, gut durchlüftet, nährstoffreich und eine ausreichende Wasserhaltefähigkeit besitzen. Trockenperioden wirken sich genauso schädlich auf die Entwicklung der Sträucher aus wie länger anhaltende Staunässe. Vor allem bei leichteren Böden und länger anhaltender Trockenheit kommt es zum vorzeitigen Blattfall und auf Dauer zu verstärkter Kleinfrüchtigkeit.

Schnitt und Erziehungsformen

Johannis- und Stachelbeeren werden, sofern ausreichend Platz vorhanden ist, als Strauch erzogen. Bei Veredlung auf geeigneten Unterlagen (*Ribes aureum*, die **Goldjohannisbeere**) können auch, je nach Möglichkeit, verschieden hohe Stämmchen erzogen werden. Heute findet man in vielen Gärten neben den genannten Formen auch verschiedene Spalierformen, die vor allem für etwas stärker wachsende Sorten geeignet sind.

Stachelbeer-Schnurbäume erleichtern die Pflegemaßnahmen und die Erntearbeiten. (links)
Zwei-Ast-Hecke – die Erziehung der beiden Achsen erfolgt wie bei der Spaliererziehung. (rechts)

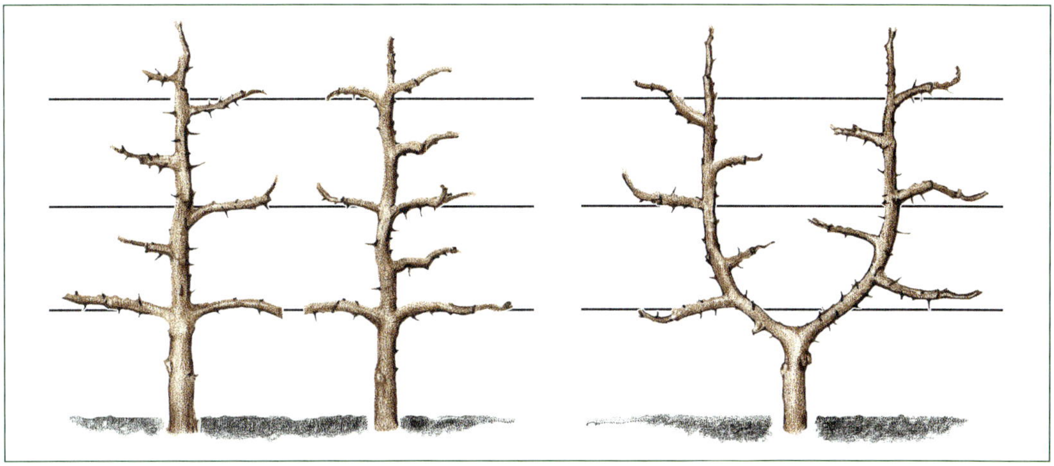

Für die Erziehung am Spalier sind verschiedene Formen, wie Schlanke Spindeln (Schnurbäume), Zwei- bzw. Drei-Asthecken oder eine Fächererziehung möglich. Diese Erziehungsformen benötigen aber ein geeignetes Drahtgerüst (evtl. mit Doppeldrahtverspannung) bzw. ein passendes Wandgerüst für eine Fächererziehung. Die sehr schlanken senkrechten Schnurbäume der Johannis- und Stachelbeeren eignen sich besonders für kleinere Gärten.

Die Pflanzung der Johannis- und Stachelbeeren kann vom Herbst bis in das zeitige Frühjahr des nächsten Jahres hinein erfolgen. Die Pflanzabstände bewegen sich dabei, je nach Erziehungsform, zwischen mindestens 50–100 cm. Um ein entsprechendes Anwachsen sicherzustellen, ist in jedem Fall ein Pflanzschnitt durchzuführen.

Sehr guter Fruchtansatz an einem Johannisbeer-Schnurbaum

> Dabei werden überflüssige, nicht für die weitere Erziehung benötigte Triebe sofort entfernt, während die für die Verlängerung vorgesehene zentrale Achse, um einen kräftigen Austrieb anzuregen, auf etwa ⅓ bis ½ zurückgenommen wird.

Ein kleines freistehendes Spalier kann auch relativ einfach mit einem Vogelschutznetz versehen werden.

Bei der Erziehung dieser Formen hat sich die Heranbildung eines Fußstämmchens mit einer Länge von 10–30 cm als vorteilhaft erwiesen.

Die am tiefsten ansetzenden Gerüstäste werden, sobald sie eine entsprechende Länge erreicht haben, am untersten Gerüstdraht angeheftet und die vorgesehene Stammverlängerung etwa 20–40 cm über den Seitentrieben pinziert. Mit den sich hier entwickelnden Seitentrieben wird dann im folgenden Jahr in ähnlicher Weise verfahren. Alle einjährigen Triebe, die nicht benötigt werden, sind laufend zu entfernen.

Um auch in späteren Jahren einen gleichmäßigen Ertrag sicherzustellen, muss ab dem dritten bzw. vierten Jahr ein regelmäßiger Fruchtholzschnitt durchgeführt werden.

Nur dann ist eine ausreichende Erneuerung des Fruchtholzes sichergestellt. Sommer-(Grün-) und Winterschnitt sollten sich dabei ergänzen.

Schnurbäume (senkrechte Kordone) sind aufgrund des relativ kurz gehaltenen Fruchtholzes sowohl bei der Johannisbeere als auch bei der Stachelbeere leich-

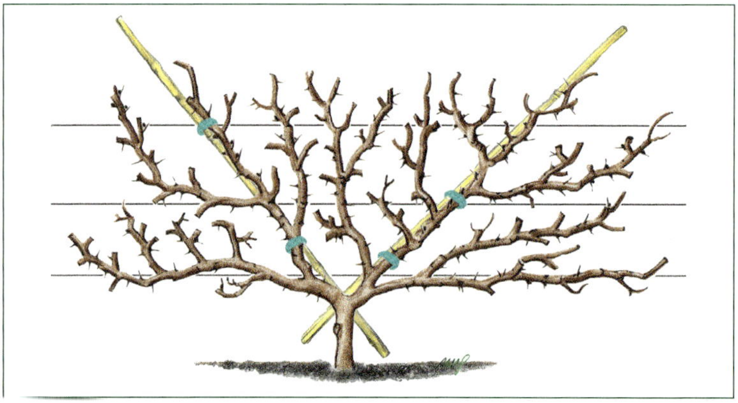

Stachelbeerfächer – wichtig ist eine möglichst gleichmäßige Verteilung der Hauptäste. Das Fruchtholz wird wie beim Schnurbaum herangezogen: Die Seitentriebe werden im Sommer pinziert und im ausgehenden Winter zusätzlich eingekürzt.

ter zu pflegen und zu beernten. Sofern sie nicht zu einem Spalier hochgezogen werden, benötigen sie, da die zentrale Achse sich nicht so kräftig entwickelt, unbedingt eine Unterstützung. Kräftige Bambusstäbe (1,80–2,0 m lang) haben sich dabei gut bewährt.

Bambusstäbe sind eine gute Unterstützung.

Nach dem Pflanzen wird der kräftigste Trieb (zukünftiger Leittrieb) bis auf die Hälfte des Neuzuwachses zurückgenommen. Sprosse und Knospen im Bereich des zukünftigen Stämmchens werden entfernt und die restlichen Triebe auf ein bis zwei Augen zurückgeschnitten.

Im Sommer des ersten Standjahres sollten dann zu lange Neutriebe auf 4–6 Blätter eingekürzt und der zentrale Leittrieb an die jeweilige Unterstützung angeheftet werden.

Im zeitigen Frühjahr des zweiten Standjahres werden vor dem Austrieb die Seitentriebe neuerlich auf 1–2 Augen eingekürzt, um die Entwicklung kräftiger Fruchtzweige zu fördern. Auch der Mitteltrieb wird immer wieder angeschnitten. Sobald die gewünschte Höhe erreicht ist (bei Spalieren 1,8 m), wird dann auf eine Knospe des vorjährigen Zuwachses zurückgenommen, um das Wachstum einzubremsen.

Auch Johannis- und Stachelbeerfächer können sehr dekorativ gestaltet werden. Solche Formen können an Wänden, niedrigen Mauern oder Zäunen erzogen werden, wo sie ausreichend Licht bekommen.

Laufender direkter Sonneinstrahlung (Südseiten) sollten sie aber nicht ausgesetzt werden.

Um bei der Fächererziehung, vor allem bei Johannisbeeren, Zeit zu sparen, kann man einen geeigneten zweijährigen Strauch zu Hilfe nehmen, der bereits passende, seitlich stehende Triebe aufweist. Diese Triebe (3–5 Stück) werden entsprechend dem Platzangebot verteilt, zurückgeschnitten und am jeweiligen Gerüst angeheftet (Abb. unten). Alle übrigen Triebe müssen entfernt werden.

Um Zeit zu sparen, pflanzen Sie einen zweijährigen Strauch.

Der Aufbau des gesamten Astgerüstes eines Fächers dauert in der Regel einige Jahre. Die Hauptgerüstäste werden dabei wie Schnurbäume behandelt, die

Ein zweijähriger Johannisbeerbusch ermöglicht einen schnelleren Fächeraufbau.

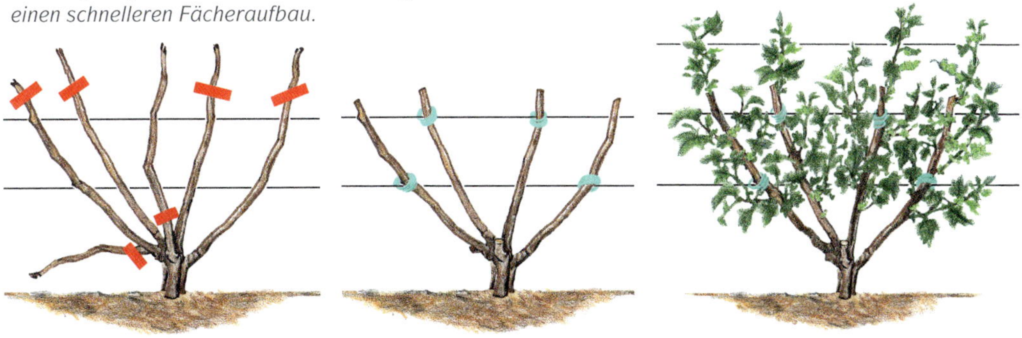

Johannisbeerfächer mit drei Hauptästen

sternförmig ungefähr von einem Punkt ausgehen. In der Vegetationszeit (Hauptwachstumszeit) sollten die auf den Ästen nachwachsenden grünen Triebe auf 4–6 Blätter eingekürzt werden, während im Winter ein Teil der Triebe auf 1–2 Augen zurückgenommen werden kann, um die Kurztriebbildung anzuregen. Wenn derartige Fächer an einer Wand oder einer Mauer erzogen werden, ist es günstig, zumindest einen Teil der rückwärtigen Austriebe zu entfernen (für bessere Durchlüftung).

Pflegemaßnahmen

> Da die Ribes-Arten eher flacher wurzeln, darf im Bereich der Wurzelkrone keine zu tiefe Bodenlockerung durchgeführt werden.

Meist genügt eine einfache oberflächliche Lockerung kombiniert mit einer mäßigen Mulchabdeckung, um den Unkrautwuchs niedrig zu halten bzw. zu unterdrücken. Dadurch wird auch der Wasserverlust des Bodens verringert. Auf leichten, sandigen Böden wird eine zusätzliche Bewässerung (evtl. Tropfbewässerung) unerlässlich sein.

Für die Düngung sind ausschließlich chloridfreie Düngermittel zu verwenden, da Johannis- und Stachelbeeren sehr empfindlich auf Chlorid reagieren. Im Laufe der Vegetationszeit sind, wenn erforderlich, auch entsprechende Pflanzenschutzmaßnahmen durchzuführen. Bei den Johannisbeeren treten häufig Gallmilben auf, die zum Verdicken der Knospen führen. Diese können mechanisch entfernt werden. Nach dem Austrieb kann es auch zu einer Schädigung der Blätter kommen, die dann gezielt mit geeigneten Pflanzenschutzmitteln behandelt werden muss.

Bei den Stachelbeeren ist vorrangig der „Amerikanische Stachelbeermehltau" zu nennen. Er kann sowohl mechanisch (Abschneiden der befallenen Triebspitzen) als auch chemisch mit einem geeigneten Schwefelmittel bekämpft werden. Für den Hobbygärtner wäre auch die Verwendung von wenigen anfälligen Sorten, wie z. B. „Invicta" oder „Rolanda", zu empfehlen. Vor allem letztere ist sehr widerstandsfähig gegen Amerikanischen Stachelbeermehltau.

Brombeeren

Die Wildformen der Brombeere (*Rubus fruticosus* und weitere Arten) sind meist starkwüchsige, kletternde Halbsträucher aus der Familie der Rosengewächse *(Rosaceae)*.

> Die in der Regel mit kräftigen Stacheln besetzten Ranken fruchten bereits im zweiten Jahr und sterben dann großteils ab.

Heute gibt es schon viele stachellose Sorten.

Heute gibt es auch bereits eine große Anzahl stachelloser Sorten (z. B. Thornless Evergreen u. a.) die ertragsmäßig durchaus entsprechen. Darüber hinaus sind auch noch eine Reihe von Rubus-Kreuzungen im Handel (z. B. die Logan-Beere, Taybeere u. a.) die ebenfalls weniger bestachelt sind und daher die Arbeiten wesentlich erleichtern. Ein entsprechender Schutz der Hände ist aber trotzdem immer anzuraten.

In den angelsächsischen Ländern, in denen diese Beerenart größere Bedeutung besitzt, sind weit über 200 Sorten mit braunroten bis schwarzen eiförmigen bis halbkugeligen Früchten bekannt, über die aber in unseren Breiten meist nur geringe Anbauerfahrungen vorliegen.

Auch aus Brombeeren können schöne Spaliere erzogen werden.

Standortsansprüche

An den Boden stellt die Brombeere keine besonderen Ansprüche. Zufriedenstellende Erträge sind aber nur auf entsprechend humosen Böden mit ausreichender Feuchtigkeit zu erreichen. Zeitgerechte Wassergaben während der Fruchtreife, besonders in Trockenzeiten, können die Qualität der Früchte deutlich verbessern. Auch hier ist eine tiefgründige Bodenbearbeitung eher nachteilig. Am günstigsten hat sich das Mulchen (Abdecken mit organischem Material) erwiesen. Die Pflanzstellen können durch entsprechende Lockerung, durch Einarbeitung organischer Substanz und durch Einbringung einer Grunddüngung für die Auspflanzung vorbereitet werden.

> Am günstigsten ist eine Frühjahrspflanzung, da es im Herbst durch schlechtes Einwurzeln oft zu Trockenschäden kommen kann.

Verwenden Sie kräftige und gesunde Pflanzen!

Wichtig ist die Verwendung von kräftigen, gesunden Pflanzen, um ein rasches Anwachsen und eine kräftige Anfangsentwicklung sicherzustellen.

Wichtig ist auch die richtige Pflanzentfernung. Wird in Reihen oder entlang einer Grundgrenze (Zaun) gepflanzt, sollten bei starkwüchsigen Sorten 2,0–2,5 m, bei schwächer wachsenden Sorten 1,0–1,5 m Entfernung eingehalten werden. Der Abstand zwischen den Reihen sollte für die Sicherstellung einer ausreichenden Besonnung 2 m nicht unterschreiten. Für eine entsprechende Kulturführung ist aber auch hier ein geeignetes, stabiles Gerüst (Drahtrahmen, stabiler Zaun u. ä.) unumgänglich. Die Anzahl der Drähte (verzinktes Material 2,5–2,8 mm) soll mindestens drei, besser vier betragen und die Drahtrahmenhöhe 1,8–2,0 m nicht sehr viel übersteigen.

Schnitt- und Erziehungsmethoden

Bei den Brombeeren und den weiteren Kreuzungsbastarden unterscheidet man einen Winterschnitt (früher Frühjahrsschnitt) und einen Sommerschnitt (Grünbehandlung).

Im ausgehenden Winter werden vorerst alle zweijährigen, abgetragenen Ranken knapp über dem Boden abgeschnitten und entfernt. Von den neugebildeten Ranken werden je Pflanze 4–6 kräftige Austriebe behalten und nach dem Entfernen der Altranken in das Drahtrahmengerüst (je nach Erziehungsmethode) eingeflochten. Bei dieser Gelegenheit schneidet man die beim Sommerschnitt übersehenen Geiztriebe auf 1–2 Augen zurück und kürzt auch die zu langen oder abgestorbenen Triebspitzen ein.

Etwa zwischen Mitte Juni und Anfang August sollten die neugebildeten jungen Austriebe an den Ranken zwei- bis dreimal entgeizt werden.

Kurz bevor die Seitentriebe an den Neuaustrieben dann zu verholzen beginnen, werden sie schließlich auf 2–3 Blätter zurückgenommen, um die Ausreifung der Knospen sicherzustellen.

Zugleich können auch überzählige, vor allem schwächere Bodentriebe ebenfalls entfernt werden. Für etwa auftretende Frostschäden ist es aber günstig, eine gewisse Reserve zu belassen.

Grundsätzlich gibt es drei Erziehungssysteme:

- **Doppeldrahtsystem (Schlingwanderziehung)**

Bei einem Doppeldrahtsystem können die Triebe leicht eingefädelt werden

Bei diesem System werden lotrecht stehende Pfähle in entsprechendem Abstand mit einem kurzen Querjoch (15–20 cm) verwendet. Nach dem Austrieb der Pflanzen werden die neugebildeten Ranken auf einer Seite in den Drahtrahmen formiert (eingefädelt).

Nach den bereits beschriebenen vorbereitenden Schnittmaßnahmen bilden diese Ranken im zweiten Jahr die fruchtenden Tragruten. Die im zweiten Jahr neu durchtreibenden Triebe werden auf die andere (freie) Seite formiert, wodurch sich ein zweijähriger Rhythmus entwickelt. Um Schnitt- und Erntearbeiten zu erleichtern, bleiben tragende Ranken und Neuaustriebe exakt getrennt.

Bei dieser Methode werden die Neuaustriebe zumeist aufrecht gezogen, wobei dadurch auch die Geiztriebbildung etwas unterdrückt werden kann. Sobald die tragenden Ruten nach der Ernte links und rechts davon entfernt worden sind, werden die neuen Triebe zur Seite formiert und an den Gerüstdrähten befestigt.

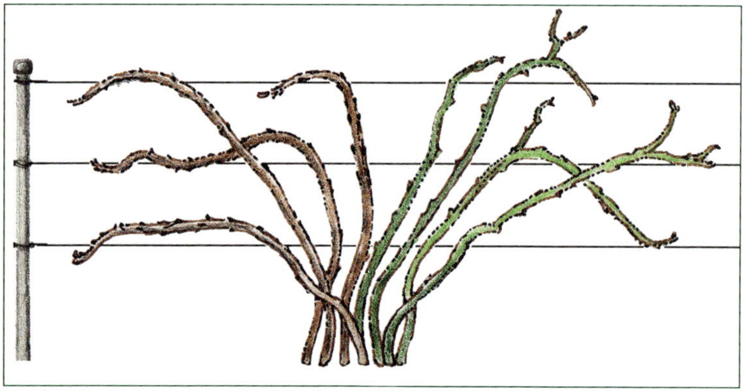

Spalier mit nach Alter getrennten Ruten

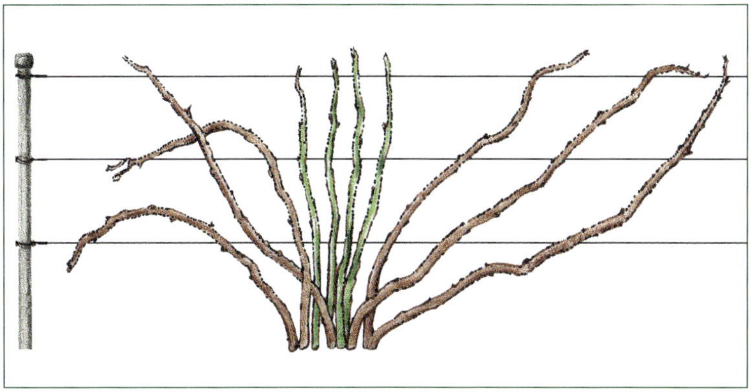

Spalier mit aufrechten jungen Ruten in der Mitte, die Tragruten befinden sich jeweils seitlich.

- **Palmettoerziehung**

Auch bei dieser Erziehungsform werden die alten Ranken eines Jahres auf die eine Seite und die des folgenden Jahres auf die andere Seite gebunden. Nach der Aberntung der Früchte werden die abgetragenen Fruchtruten entfernt und schaffen Platz für die neu heranwachsenden Triebe des folgenden Jahres.

> Dieses System hat den Vorteil, dass die Ranken praktisch nur einmal befestigt werden müssen, d. h., der Pflegeaufwand kann eher geringer gehalten werden.

Da außerdem jeweils die jungen Triebe aufeinander zu wachsen, ist die Übertragung von Pilzkrankheiten von den zweijährigen Ranken ebenfalls eingeschränkt.

Abgrenzung eines Grundstückes mit Hilfe einer Brombeer-Hecke

- **Fächererziehung**
  In diesem Fall werden die fruchttragenden Ranken auf die Reihe verteilt und mehr oder weniger senkrecht an den Gerüstdrähten befestigt. Dadurch bleibt in der Mitte des Stockes ein gewisser Freiraum für die neu wachsenden Ranken, die ebenfalls sofort am Gerüst angeheftet werden oder bei zu großer Länge am obersten Draht befestigt werden. Der Wechsel der Ruten erfolgt wie bereits an vorderer Stelle beschrieben.

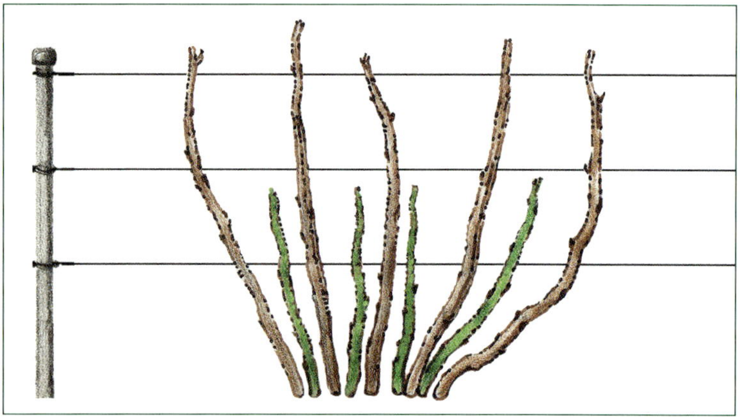

Neu wachsende Ranken wechseln sich mit fruchttragenden Ranken ab.

Kiwi *(Actinidia deliciosa)*

Die chinesische Stachelbeere, wie sie auch bezeichnet wird, ist eine sehr starkwüchsige Kletterpflanze, die in wärmeren, gemäßigten und nicht frostgefährdeten Gebieten Europas bereits weit verbreitet ist.

> In den meisten heimischen Weinregionen kann sie zwar auch angepflanzt werden, die langen weichen Neutriebe sind aber sehr frostempfindlich.

Auch die Früchte können durch Frühfröste im Herbst leicht Schaden nehmen und erfrieren.

Kiwis haben große Blätter mit leichter Behaarung!

Kiwipflanzen besitzen relativ große, weiche, herzförmige Blätter, die eine leichte Behaarung aufweisen. Die Neuaustriebe besitzen eine rötliche Farbe, die später wieder verschwindet. Die Blüten zeigen eine gelbliche Farbe. Männliche Blüten besitzen nur Staubgefäße, während die weiblichen Blüten neben Staubgefäßen auch viele Griffel mit den Narben aufweisen (Abb. S. 83 links).

Für eine Auspflanzung im Freiland unter unseren mitteleuropäischen Temperaturbedingungen mit fallweise auch bereits kontinentalen Klimaeinflüssen sind daher Sorten der Art *A. chinensis* nur bedingt geeignet. Für Hobbygärtner mit vielleicht nicht ganz optimalen Klimabedingungen werden eher Sorten der Arten *A. arguta* und *A. kolomikta* geeignet sein. Beide Arten sind frosthärter, weisen von Natur aus einen schwächeren, mehr strauchartigen Wuchs auf und sind daher für eine Erziehung in Form eines freien Fächers sehr gut geeignet.

Weibl. Blüte mit überstehendem Griffelkranz und männl. Blüte mit ausgebildeten Staubgefäßen (links). Relativ frostharte Kiwiarten sind auch in Europa weit verbreitet (rechts).

Oft reicht aber bereits ein einigermaßen tragfähiges Zaungerüst aus, um eine derartige Hecke aufzuziehen.

In Europa sind heute bereits mehr als ein Dutzend Sorten dieser genannten Arten bekannt und verbreitet. Die folgende Zusammenstellung soll einen kleinen Überblick geben.

Kleinfruchtige Kiwisorten

Sorte	Farbe	Geschmack	Frucht-Gewicht	Frucht-Form	Ertrag
Kiwino	hellgrün	süß, aromatisch	10–18 g	flach, zylindrisch	hoch
Ambrosia	hellgrün	süß, aromatisch	10–14 g	flach, zylindrisch	hoch
Weiki	grün-rotbackig	süß, aromatisch	4–10 g	länglich-rundlich	sehr hoch
Polygama	grün	süß, Haut säuerlich	5–10 g	kugelig	hoch
Geneva verte	hellgrün	süß, Haut säuerlich	4–6 g	kugelig	sehr hoch
Kiwai rouge	rostrot	säuerlich, flaches Aroma	4–6 g	länglich-rund	sehr hoch

Da die Sorten großteils zweihäusig sind, ist die Beipflanzung von Befruchtersorten (z. B. die Sorte „Nostino") günstig und notwendig. Trotz großer Fruchtbarkeit ist aber eine ausgeprägte Alternanz meist kaum zu unterdrücken.

> Großfruchtige Kiwi-Sorten sind durchwegs zweihäusig, d. h., sie benötigen unbedingt Befruchtungspartner. Dabei ist es nur wichtig, dass solche Pflanzen in der Nähe der weiblichen Partner stehen [Verhältnis ca. 1:7 (♀)].

Männliche Kiwipflanzen werden ähnlich wie die weiblich blühenden erzogen und können außerdem, um Platz zu sparen, nach dem Abblühen sehr stark zurückgeschnitten werden. Von den großfruchtigen Kiwis sind es vor allem die Sorten „Hayward" (die wichtigste Sorte), „Abhart", „Monty", „Bruno", „Staiello" und

„Allison", die verstärkt Verwendung finden. Als Bestäuber hat sich vor allem die männliche Sorte „Matua" bewährt.

Erziehung und Schnitt

Aufgrund des Wuchsverhaltens wären zwei Erziehungsformen geeignet: die Spaliererziehung und die Pergola-Erziehung.

■ Die Spaliererziehung

Die Pflanzung kann zwischen Spätherbst und Frühjahr erfolgen, wobei der Abstand bei den großfrüchtigen Sorten 3–4 m betragen sollte. Bei kleinfrüchtigen Sorten kann der Abstand aufgrund des schwächeren Wuchses auf die Hälfte reduziert werden.

Das Gerüst soll stabil und mit drei Drähten bespannt sein.

Das Gerüst muss entsprechend stabil sein (2–3 stärkere Pfähle) und sollte mit mindestens 3 Drähten im Abstand von 60–70 cm, 130–140 cm und 190–200 cm (jeweils vom Boden aus gemessen) bespannt sein. Zur besseren Aufzucht sollte außerdem ein stärkerer Bambusstab, senkrecht am Draht befestigt, neben jeder Pflanze bereitgestellt werden.

Nach der Pflanzung wird, um einen kräftigen Austrieb sicherzustellen, auf 30–40 cm zurückgeschnitten.

Ist nun geplant, ein exaktes Spalier zu erziehen, ist es notwendig, in der ersten und zweiten Wachstumsperiode einen Leittrieb möglichst vertikal am vorhandenen Bambusstab hochzuziehen.

Rechts und links vom Stamm sollen kräftige Seitentriebe entstehen, nicht benötigte Austriebe dagegen müssen sofort entfernt werden. Wenn schließlich der hochgezogene Stamm über den letzten Draht hinausgewachsen ist und auch die Seitentriebe entsprechende Längen erreicht haben (> 1 m Länge), ist es notwendig zu pinzieren (entspitzen). Damit soll auch hier der seitliche Austrieb gefördert und angeregt werden.

Im Süden Europas werden derartige Pergola-Formen für die Kiwiproduktion verwendet.

Die sich später aus den Knospen der Seitentriebe entwickelnden Triebe werden im Hochsommer nochmals auf 5 Blätter gekürzt (oft mehrmals), um eine basisnahe Fruchtholzbildung zu fördern. Konkurrierende Triebe sollten im Zuge solcher Schnittmaßnahmen immer möglichst ganz entfernt werden. Der Ertrag setzt dann meist ab dem dritten Standjahr ein.

Bei der einfacheren Erziehung zu einer Fächerkrone werden eine Anzahl der über dem Wurzelhals (Veredlungsstelle) entspringenden Triebe fächerartig an das vorbereitete Gerüst herangeführt. Ein weiteres Anheften ist später meist nicht mehr erforderlich, da die rankenden Triebe am Drahtgerüst ausreichend Halt finden.

Während der Ertragsphase erfolgt der erste Schnitt am besten während des beginnenden Frühjahres. Dabei werden in erster Linie abgetragene Fruchtäste gegen junge Fruchttriebe ausgetauscht und gleichzeitig mit weiteren benötigten Neutrieben wieder am Spalier angeheftet. Um immer genügend Neuaustriebe für den Fruchtholzneutrieb, vor allem im basisnahen Bereich, zu erhalten, sollten auch fruchttragende Äste während der Vegetationsperiode bis auf 4–6 Blätter hinter der letzten Frucht eingekürzt werden.

Der sich später hier neu entwickelnde Austrieb wird wiederum auf 1–2 Augen eingekürzt. Durch diese laufende Unterbrechung des Saftstromes werden in erster Linie basisnahe Knospen zum Austrieb angeregt und einer Verkahlung wird vorgebeugt.

Bei bereits älteren Pflanzen kann man auch einen Teil der älteren Fruchtäste (drei- bis vierjähriger Rhythmus) auf Adventivknospen zurückschneiden, um neue basisnahe Austriebe zu erreichen.

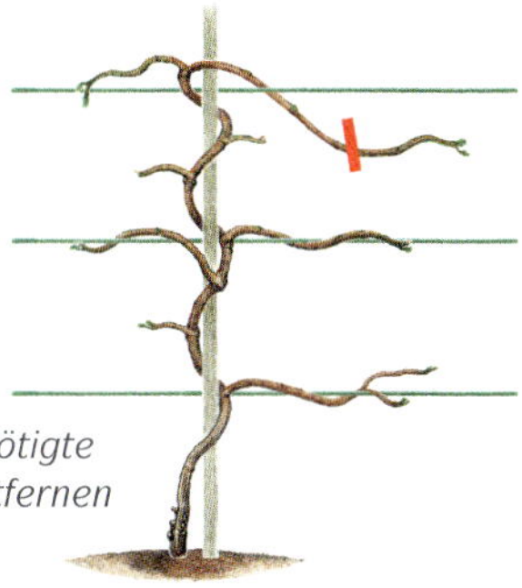
Nicht benötigte Triebe entfernen

Pinzieren

Fruchttragende Äste kürzen

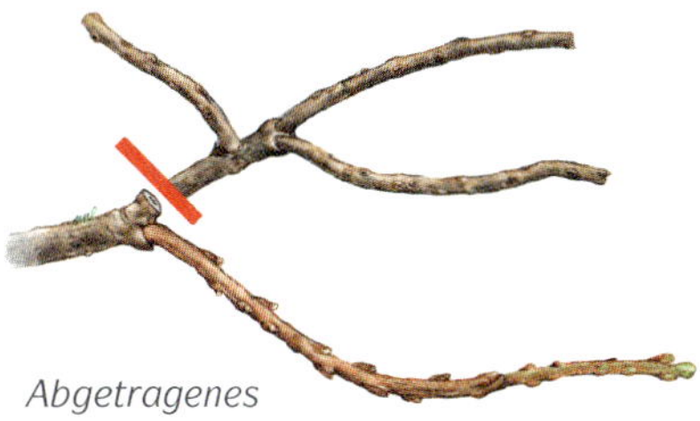
Abgetragenes Fruchtholz zurückschneiden

Pergola-Erziehung

Diese Form der Erziehung ist für Aktinidien sehr gut geeignet, wobei sich vor allem zweireihige Pergolen, sofern genügend Platz für die Aufstellung vorhanden ist, als sehr brauchbar erwiesen haben. Die Höhe des Gerüstes sollte 2 m möglichst nicht überschreiten, um die späteren Schnitt- und Erntearbeiten nicht zu erschweren.

Die Kiwipflanzen werden vorerst mit einem Stamm hochgezogen. Dieser Stamm bildet gemeinsam mit zwei waagrecht geführten, in entgegengesetzte Richtung wachsenden Leittrieben das Grundgerüst. Die sich entwickelnden Seitentriebe der beiden Leittriebe werden später für die Bedeckung der Pergola genutzt und bilden schließlich die

Grundlage für das fruchttragende Seitenholz. Weiter unten am Stamm ansetzende Austriebe (sofern sie belassen werden) können noch zusätzlich wie bei der freien Fächerbildung erzogen werden.

Auch bei der Pergola-Erziehung ist ein regelmäßiger Schnitt durchzuführen. Nur so ist eine ausreichende Verzweigung der sonst meterlang wachsenden Triebe sichergestellt und eine gleichmäßige Fruchtbarkeit garantiert.

Der Schnitt- und Verjüngungsrhythmus kann in ähnlicher Weise, wie bereits vorher erläutert, durchgeführt werden. Wichtig ist ein gleichmäßiges Auslichten der Pergola-Kronen, um ein gut belichtetes Fruchtholz und eine gleichmäßige Verteilung der tragenden Äste sicherzustellen.

Pflegemaßnahmen

Im Stammbereich sollte der Boden möglichst immer von konkurrierendem Unkraut freigehalten werden, da die Kiwipflanzen auf Wasser- und Nährstoffkonkurrenz sehr empfindlich reagieren. Als sehr günstig hat sich die Abdeckung mit verschiedenen organischen Materialien erwiesen.

Kiwis sind gegenüber Krankheiten und Schädlingen recht widerstandsfähig.

Gegenüber Krankheiten und Schädlingen sind Aktinidien ziemlich widerstandsfähig. Trotzdem ist natürlich nicht auszuschließen, dass Schaderreger von anderen bekannten Obstarten die Kiwipflanzen besiedeln. Von den tierischen Schädlingen sind es vor allem Blattläuse, die Triebstauchungen und Blattdeformationen sowie Wachstumsdepressionen verursachen können. Hier sind Pflanzenschutzmaßnahmen notwendig.

Auch Schildläuse können durch die permanende Saugtätigkeit an den behaarten Blättern, Trieben und auch Früchten Schäden verursachen. Mechanische und chemische Maßnahmen könnten hier gemeinsam dagegen helfen.

Hier sind die fruchttragenden Äste gleichmäßig verteilt

Pilzkrankheiten können vor allem in Form von Grauschimmel (Botrytis) und Verticillium-Welke auftreten.

Durch vorsichtiges Arbeiten und die Vermeidung von Verletzungen kann ein derartiger Befall aber ziemlich eingeschränkt werden.

Erkrankungen bei der Veredlungsstelle sind häufiger möglich.

In unseren Breiten können fallweise auch Erkrankungen im Bereich der Veredlungsstelle auftreten. Dabei kommt es zu mehr oder weniger starken Wucherungen, die letztlich auch zu Rindenablösungen führen können. Der dadurch unterbrochene Saftstrom kann schließlich zum Absterben der ganzen Pflanze führen. Die Ursache für diese Veränderungen sind allerdings noch nicht restlos geklärt (evtl. Frosteinwirkungen), das Erscheinungsbild ist aber der Kragenfäule beim Apfel sehr ähnlich.

Weinrebe

Reben sind mehr oder weniger starkwüchsige, sommergrüne Kletterpflanzen, die außerordentlich anpassungsfähig sind und bereits in vielen Regionen der Erde angepflanzt werden. Bei den angebauten Arten handelt es sich fast ausschließlich um Sorten der Art *Vitis vinifera*. In kühleren Breiten gedeihen die Edelreben allerdings nur mehr an geschützten, sonnenbeschienenen Haus- oder Mauerwänden. Vor allem robustere Sorten sind allerdings als Spalierpflanzen sehr weit verbreitet.

Dieser alte Weinstock auf Sizilien wurde für die Erstellung einer Pergola am Balkon hochgezogen.

Ursprünglich war die Rebe in Wäldern beheimatet und wuchs an geeigneten Bäumen empor. Sind nämlich keine geeigneten Stützen oder Rankhilfen vorhanden, würde sie flach am Boden entlangwachsen.

Weinreben müssen für eine nachhaltige Nutzung auch regelmäßig geschnitten werden, sonst verwildern sie zu einem Gestrüpp von jungen und abgestorbenen Ranken, die außerdem nur mehr eine geringe Zahl von minderwertigen Trauben ausbilden.

Für die Erziehung und Formgebung werden deshalb eine Reihe von Schnittmethoden eingesetzt.

Ziel dieser Arbeiten ist es, ein Grundgerüst heranzubilden, um den jährlichen Zuwachs von Neutrieben und damit den Ertrag des darauf folgenden Jahres sicherzustellen.

Die Schnittarbeiten bei den Reben werden am besten im ausgehenden Winter durchgeführt. Zu diesem Zeitpunkt „bluten" die frischen Schnittstellen noch sehr wenig, d. h., es wird noch wenig Pflanzensaft aus den Anschnittstellen gepresst, so dass die Pflanzen dadurch nicht unnötigerweise geschwächt werden.

Die heute verwendeten Sorten der Art *Vitis vinifera* sind in der Regel auf geeigneten Unterlagen veredelt, die gegenüber der Reblaus resistent sind. Auch die auf eigener Wurzel stehenden heimischen Rebsorten (so genannte Direktträger) werden von der Reblaus nicht befallen. Heute existieren auch bereits Kreuzungen von heimischen Sorten mit amerikanischen Unterlagsreben, die gegenüber einigen Pilzkrankheiten ebenfalls resistent sind und deshalb kaum mehr Pflanzenschutzmaßnahmen erforderlich machen. In unseren nicht mehr so wärmebegünstigten Gebieten wird man den Wein vor allem an den geschützten, wärmeren Hauswänden finden, wobei die Trauben dieser Pflanzen wohl in erster Linie für den Frischverzehr verwendet werden.

Pflanzung und Pflege

Die günstigste Pflanzzeit ist der Zeitraum April/Mai, wobei Containerware durchaus auch noch bis in den Sommer hinein ausgepflanzt werden kann. Die Pflanzgrube sollte bei Reben nicht zu klein bemessen werden (bis 1 m^2 je nach Bedarf und Notwendigkeit und eine Tiefe von mindestens 50 cm). Der Untergrund des Pflanzloches sollte außerdem immer gründlich aufgelockert werden, um das spätere Durchwurzeln zu erleichtern. Wenn mehrere Pflanzen in einer Reihe ausgepflanzt werden sollen, sind je nach Erziehungsform Abstände von 1,5–2,0 m einzuhalten.

Pflanzung (leicht schräg zum Gerüst)

Die Ansprüche an den Boden sind eher gering. Nur ausgesprochen staunasse Böden werden nicht vertragen. Das Erdmaterial sollte locker und entsprechend durchlässig, andererseits aber auch wieder nicht zu trocken und etwas kalkhaltig sein.

Die bewurzelte Rebe wird am besten etwas schräg zum vorbereiteten Spalier, etwa 30–40 cm von der Wand entfernt, eingesetzt. Wichtig bei veredelten Reben ist, dass die Veredlungsstelle nicht eingegraben wird.

Entsprechend ausreichendes Gießen nach der Pflanzung sollte nicht vergessen werden. Um die Pflanzstelle zu schützen, kann auch bei den Reben eine Mulchabdeckung durchgeführt werden. Stehen die Pflanzen im Regenschatten einer Hauswand, ist es wichtig, regelmäßig zu gießen, um Trockenschäden bei den jungen Pflanzen zu vermeiden. Als Dünger hat sich vor allem guter Kompost oder gut verrotteter Stallmist bestens bewährt.

Dem Grünschnitt kommt eine große Rolle zu!

Bei der Spaliererziehung kommt vor allem dem Grünschnitt während der Vegetationsperiode eine wichtige Rolle zu. Dies gilt im Besonderen für die Laubarbeiten bei der Erziehung von Reben.

Wichtig:

Vor allem das gleichmäßige Aufteilen und rechtzeitige Anheften der neuen Triebe, das Entfernen von nicht brauchbaren Austrieben im Stammbereich sowie das Wegschneiden von nicht fruchtenden Trieben, die auch für den weiteren Gerüstaufbau nicht benötigt werden, sollte durchgeführt werden.

Im Spätsommer kann das Entspitzen von Achseltrieben zur Verbesserung der Holzreife der Reben beitragen. Selbst das Freistellen der Trauben zum Zeitpunkt der Reife kann die äußere und innere Qualität des Erntematerials erheblich verbessern.

Auch bei Rebspalieren ist ein gewisses Maß an Pflanzenschutzmaßnahmen erforderlich, wobei vor allem den Pilzkrankheiten größere Aufmerksamkeit zukommt. In den letzten Jahren werden aber, wie bereits erwähnt, auch vermehrt resistente Sorten ausgepflanzt, die den Einsatz der diversen Mittel zu verringern helfen. Bei den Pilzkrankheiten sind vor allem der Echte Mehltau *(Oedium)*, der Falsche Mehltau *(Peronospora)*, der Rote Brenner und der Grauschimmel von größerer Bedeutung. Von den tierischen Schädlingen sind es vor allem die Kräuselmilbe und die Pockenmilbe, die größere Schäden verursachen. Nicht vernachlässigen sollte man natürlich auch den Schutz vor Vogelfraß und in manchen Jahren die Wespenbekämpfung.

Pflanzenschutzmaßnahmen sind auch bei Rebspalieren nötig!

Weinreben ranken sich auch an einfachen Maschengittern aus Metall nach oben.

Spalierformen

Weinspaliere können sowohl in strenger Form (senkrechte oder waagrechte Kordone, U-Formen) als auch in einer eher natürlichen Fächerform gezogen werden. Bevor allerdings mit der eigentlichen Erziehung begonnen wird, sollte die Pflanze gut eingewurzelt sein und auch bereits einen entsprechenden Trieb (oder mehrere) aufweisen.

Aus diesem Grund schneidet man junge Reben nach dem Pflanzen auf 2–3 Knospen zurück und wiederholt diesen Rückschnitt im darauf folgenden Jahr nochmals, bis die Triebe eine entsprechende Stärke und damit die notwendige Triebkraft erreicht haben.

Nicht knapp über dem Auge schneiden!

Im Gegensatz zur Schnitttechnik beim Kernobst wird bei den Reben nicht knapp über einem Auge angeschnitten, sondern es bleibt ein etwa 1–2 cm langes Stück über der angeschnittenen Knospe bestehen. Damit wird verhindert, dass die Knospe vorzeitig vertrocknet und nicht mehr austreibt. Auch neue Astserien sollten immer erst dann angeschnitten werden, wenn die darunterliegende Serie entsprechend kräftig und voll entwickelt ist.

Um auch in unseren Klimaten ein Ausreifen des Rebholzes und der Trauben sicherzustellen, sollte man auf jeden Fall frühen oder mittelfrüh reifenden Sorten den Vorzug geben.

Für den Aufbau der verschiedenen Formen ist bei den Weinreben immer ein stützendes Gerüst für das Altholz (Stamm, Kordone oder Bögen) notwendig.

Um einen gewissen Abstand zur Bodenoberfläche sicherzustellen, sollte auch immer ein Stamm (40–50 cm oder länger) vorgesehen werden. Als Erziehungsformen sind senkrechte und waagrechte Kordons, verschiedene Formen der Bogenerziehung oder auch ein einfaches Fächerspalier geeignet.

Der senkrechte Kordon ist für schwach wachsende Sorten geeignet.

Der senkrechte Kordon (einarmig) ist eher für schwach wachsende Sorten geeignet, weil diese den dabei praktizierten Zapfenschnitt leichter vertragen.

In Verlängerung des Stammes wird dabei ein kräftiger Trieb senkrecht am Gerüst befestigt und beim Winterschnitt über dem sechsten bis zum achten Auge zurückgesetzt. Von den sich bildenden Trieben wird der oberste senkrecht und die übrigen vorerst seitlich am Gerüst befestigt. Im darauffolgenden Winterschnitt wird der Mitteltrieb wieder über dem 6.–8. Auge angeschnitten, während die Seitentriebe erstmals auf Zapfen (2 Augen) zurückgeschnitten werden. Dies wiederholt sich nun so lange, bis die Länge des Kordons die Spalierhöhe erreicht

Erstes Standjahr: Sommer (nach der Pflanzung): Oberster Trieb wird senkrecht gezogen, die Geiztriebe seitlich gebunden und entspitzt. (links)

Zweites Standjahr Winterschnitt: Der Stammtrieb wird auf 2/3 zurückgeschnitten, die Seitentriebe werden auf Zapfen auf ein bis zwei Knospen eingekürzt. (rechts)

hat. Bei dieser senkrechten Kordonerziehung sind die Tragholzserien auf jeder Seite etwa 25–30 cm übereinander angeordnet. Werden mehrere Rebstöcke nebeneinander gepflanzt, sollte ein Abstand von mindestens 1,0–1,5 m eingehalten werden. Durch diese schlanke Erziehungsform können auch schmälere Haus- oder Mauerflächen genützt werden.

Der Sommerschnitt ist bei allen auf Zapfen geschnittenen Formen sehr ähnlich. Dabei wird der Neuaustrieb im August über dem siebten oder achten Auge entspitzt, damit die verbleibenden Augen (Knospen) entsprechend ausreifen können. An jedem Zapfen bleiben jeweils nur zwei Triebe erhalten. Diese und evtl. die am Verlängerungstrieb austreibenden Seitentriebe werden später zwei bis drei Blätter über der obersten Frucht entspitzt.

Den Neuaustrieb über dem siebten und achten Auge entspitzen!

Weitere Austriebe der zweiten Ordnung werden am besten immer auf ein bis zwei Augen zurückgenommen.

Während man anfangs pro Zapfen jeweils 2 Augen (damit 2 Triebe) belässt, ist es in den späteren Jahren beim erwachsenen Rebstock günstiger, nur mehr einen Sommertrieb auf jedem Zapfen wachsen zu lassen. Die schwächeren Triebe werden auf 2–3 Blätter eingekürzt. Zur besseren Verteilung kann man die Sommertriebe vorsichtig nach unten formieren, am Gerüst anheften und anschließend auf zwei Blätter über dem obersten Fruchtstand einkürzen. Nicht tragende Triebe werden jeweils auf 4–6 Blätter zurückgenommen. Im nachfolgenden Jahr wird dann wieder entsprechend dem bereits erläuterten Zapfenschnitt angeschnitten.

Nicht tragende Triebe auf 4–6 Blätter zurücknehmen!

Unter Umständen kann es auch notwendig sein, die Zahl der Trauben pro Pflanze zu reduzieren.

Sommer (zweites Standjahr): Oberster Trieb wird wieder verlängert und angeheftet, Seitentriebe werden beim Fruchtansatz zwei Blätter über der obersten Traube eingekürzt, sonst auf vier bis fünf Blätter zurücknehmen.

Faustregel:

Pro 30 cm Stammlänge sollen 500 g Trauben wachsen. Die volle Ernte liegt später etwa bei 4–6 Trauben pro Stämmchen.

Etwas mehr Aufmerksamkeit erfordert es, zwei oder mehrarmige senkrechte Kordone pro Rebstock zu ziehen, wobei zwischen den senkrechten Stämmchen mindestens 1 m Abstand einzuhalten ist. Z. B. werden bei der Erziehung von zwei Kordonarmen über dem Stamm zwei Ranken nach beiden Seiten erst waagrecht und anschließend in einem Abstand von mindestens 1 m voneinander senkrecht nach oben gezogen.

Besonders für das Umwachsen von Fenstern geeignet!

Der Schnitt und die weitere Erziehung erfolgt in der bereits beschriebenen Weise. Diese Form ist besonders für das Umwachsen von Türen und Fenstern geeignet.

U-Form mit zwei senkrechten Kordonen (Fensterumrahmung)

Waagrechte Rebkordone

Diese Kordone werden häufig bei niedrigen Begrenzungsmauern verwendet. Auch bei dieser Form wird ein 20–30 cm hoher Stamm erzogen und erst dann mit der Verzweigung des Hauptastes begonnen. Die Erziehung kann ein- oder zweiarmig sein, je nachdem wie sich das Platzangebot gestaltet. Die zweiarmige Form wird am einfachsten so herangezüchtet, dass zuerst der bereits vorhandene Haupttrieb waagrecht formiert wird. So entsteht ein einarmiger Kordon. Dieser Teil wird etwas später ca. 40–60 cm nach der Biegestelle entspitzt.

Durch diese Maßnahme werden vor allem die Knospen nahe der Biegestelle zum Austrieb angeregt.

Der stärkste und am besten geeignete Trieb wird später vorsichtig wieder gebogen und bildet dann den zweiten Kordon. Die weiteren Schnittmaßnahmen entsprechen denen des senkrechten Kordons.

Palmetten-Erziehung

Eine einfache Palmettenform mit halbwegs ungefähr waagrecht formierten Seitenästen benötigt ebenfalls ein entsprechendes Spaliergerüst. Die Stammhöhe beträgt auch bei dieser Form etwa 40–60 cm (bei Hochspalieren entsprechend länger) und die Anzucht des Mitteltriebes geschieht in ähnlicher Weise wie beim senkrechten Kordon. Das Anschneiden der Seitenranken (Astserien) erfolgt ähnlich wie beim Kernobst auf ebenfalls drei Knospen, wovon die oberste Knospe für die Verlängerung des Mitteltriebes und die zwei seitlich stehenden für die Etagenbildung verwendet werden. Der Abstand von Etage zu Etage beträgt etwa 50–60 cm. Je nach Größe der vorhandenen Fläche können mehrere Etagen angelegt werden.

Die Seitenranken auf drei Knospen anschneiden!

Eine sehr ähnliche Erziehungsform, die allerdings nur für niedrigere Spaliere (bis 1,5 m) eingesetzt wird, da meist nur zwei bzw. drei flache Bögen erzogen werden, ist die so genannte **Flachbogenerziehung**. Dabei wird in den beiden ersten Jahren versucht, einen möglichst kräftigen Trieb bis zum obersten Draht des Gerüstes zu ziehen. Zum leichteren Hochziehen kann der Trieb auch regelmäßig an einem geeigneten Stab, der ebenfalls am Gerüst befestigt wird, angebunden werden. Austreibende Augen werden im Sommer des ersten Jahres laufend auf 2–3 Blätter entspitzt. Im zweiten Standjahr werden zwei bzw. vier geeignete kräftige Triebe (ein bzw. zwei auf jeder Seite) belassen und erst zu einem späteren Zeitpunkt entspitzt. Die Triebverlängerung wird knapp über dem jeweiligen Draht abgeschnitten.

Im zweiten Standjahr 2–4 kräftige Triebe belassen!

Zu Beginn des dritten Standjahres werden dann die zwei bzw. vier ausgewählten Triebe entlang des oberen und unteren Drahtes angeheftet und auf 10–12 Augen eingekürzt.

Einfache Flachbogenerziehung *Doppelte Flachbogenerziehung*

Um im folgenden Jahr wieder Ersatztriebe zu bekommen, müssen zusätzlich geeignete, in der Nähe der vier Ruten angeordnete Triebe auf 2–3 Augen zurückgeschnitten werden (Ersatzzapfen!).

Alle anderen Triebe werden ausgebrochen oder pinziert.

In den nachfolgenden Jahren wird jeweils im Frühjahr das abgetragene Fruchtholz entfernt, dafür aber die Ersatzruten hineinformiert und angeheftet. Wichtig ist der Anschnitt geeigneter Ersatzzapfen.

Fächererziehung

Bei dieser Erziehungsform ist man an keine bestimmte Form gebunden, vielmehr werden Größe und Form der jeweiligen Fläche die mögliche Ausbreitung bestimmen.

Wichtig:

Beim Aufbau auf eine möglichst gleichmäßige Verteilung des späteren „alten Holzes“ achten, um eine gute Ausnützung der vorhandenen Fläche sicherzustellen.

Winter- und Sommerschnitt sollen sich dann ergänzen. Die Fruchtholzverteilung beruht auf dem bereits beschriebenen Wechselschnitt von fruchtenden Reben und Zapfen.

Laubengänge, Pergolen

Pergolen erfordern ein entsprechend stabiles Gerüst, an dem später die Triebe der Rebstöcke hinaufgezogen und befestigt werden.

Solche Laubengänge sollten möglichst in Nord-Süd-Richtung verlaufen, um eine entsprechende Besonnung sicherzustellen.

Für den Aufbau einer Pergola eignen sich senkrecht gezogene Kordone!

Für die Erstellung bzw. für den Aufbau solcher Pergolen haben sich vor allem senkrecht gezogene Kordone als sehr brauchbar erwiesen. Wichtig ist, dass eine möglichst gleichmäßige Bedeckung erreicht und später durch entsprechende Wechselschnitte und Verjüngungen auch erhalten wird. Die Weinreben fruchten an diesjährigen Trieben, die aus dem einjährigen Holz hervorgegangen sind. Sommertriebe, die an älteren Holzpartien (älter als drei Jahre) gebildet werden, bilden in der Regel keine „Gescheine" aus und bleiben unfruchtbar. Die Anschnittlänge des Tragholzes ist unterschiedlich und hängt von der Fruchtbarkeit der jeweiligen Sorte und natürlich von der Wuchskraft der jeweiligen Pflanze ab. Der Schnitt der Reben – und darauf sei nochmals hingewiesen – wird etwa 1,5 cm über dem jeweiligen Auge (Knospe) durchgeführt, denn bei zu einem knappen Schnitt vertrocknet die Knospe sehr leicht und stirbt dann ab.

Quitte *(Cydonia oblonga L.)*

Die aus Südwestasien stammende und heute im südlichen Europa beheimatete Quitte sollte eigentlich in keinem Liebhabergarten fehlen. Die eher baumartig wachsende Obstart ist auch in unseren Breiten durchaus winterhart, scharfe Fröste mit tieferen Temperaturen werden aber meist nicht ohne Schäden überstanden.

Die Standortsansprüche der Quitte sind eher gering, lockere humusreiche und nicht zu schwere Böden mit geringen Kalzium-Gehalten können aber die Entwicklung der Pflanzen deutlich verbessern.

Im Gegensatz zu Apfel oder Birne bleibt die Quitte eher kleinwüchsig und wird daher, wo es möglich ist (keine Affinitätsprobleme), auch als schwachwachsende Unterlage für Birnen verwendet. Auch die heute verwendeten Quitten-Edelsorten werden ebenfalls auf arteigene Unterlagen (**Quitte A, C**) veredelt.

Die filzig-behaarten, gelb bis ocker gefärbten Früchte benötigen für eine entsprechende Ausreifung auch genügend Herbstwärme. Erst dann entwickeln sie dieses ausgeprägte Quittenaroma. Deshalb wurden die Früchte auch in früheren Zeiten in Kleiderschränke und Truhen gelegt. Dem Quittenduft wird auch eine gewisse Wirkung gegen Motten und Schaben nachgesagt. In Mitteleuropa reifen die Früchte meist aber nicht vollständig aus und können deshalb nicht roh genossen werden. Sie werden aber zu köstlichem Gelee, Marmelade und Kompott verarbeitet. In einem dunklen, kühlen Raum auf Holzrosten aufgelegt, sind die Früchte nach der Ernte noch mindestens 1–2 Monate gut haltbar.

Junge Pflanzen sind deutlich frostempfindlicher, daher ist es günstig, Quitten im Frühjahr zu pflanzen.

Bei der Verwendung von einjährigen Veredlungen erfolgt nach der Pflanzung ein Rückschnitt 5–6 Augen über der Veredlung, bei zweijährigem Pflanzmaterial werden 3–4 geeignete Gerüstäste ausgewählt und die restlichen Triebe vorerst entfernt. Diese ausgewählten Triebe bilden dann das Grundgerüst für das später zu erziehende Fächerspalier. Diese Gerüsttriebe werden vorerst um ca. ⅓ eingekürzt, wobei darauf zu achten ist, dass die Anschnittstellen sich in einer Ebene befinden (Saftwaage!).

Auch in den folgenden Jahren wird es immer wieder notwendig sein, diese Hauptastverlängerungen einzukürzen, um ein entsprechendes Wachstum sicherzustellen.

Nach Fertigstellung des Kronenaufbaus wird man in den späteren Jahren mit entsprechenden Korrekturen, wie das Entfernen nach innen wachsender Äste oder das Entfernen von abgetragenem Fruchtholz, das Auslangen finden, da Quitten an Fruchtspießen und an Kurztrieben fruchten, die sich an vorjährigen Langtrieben entwickeln.

Vollausgereifte Quittenfrucht kurz vor der Ernte (oben)
Quitten sind auch in unseren Breiten durchaus winterhart (unten).

Deshalb sollten später die 1-jährigen Langtriebe und die neu angelegten Seitentriebe nicht alle eingekürzt werden, da ansonsten die an den Spitzen ausgebildeten Blütenknospen verlorengehen.

Zur Verringerung der jeweiligen Kronenhöhe schneidet man auf passende, tieferstehende Seitentriebe zurück. Bei einer in späteren Jahren notwendigen Verjüngung kann durchaus auch stärker in altes Holz zurückgeschnitten werden.

Quitten können auch als Pyramide gezogen werden.

Quitten können natürlich auch als Pyramidenkrone erzogen werden. Dazu ist aber in den ersten Jahren unbedingt eine Unterstützung erforderlich. Ein solcher Kronenaufbau kann etwa nach 5–6 Jahren abgeschlossen sein.

Quitten neigen häufig zur Ausbildung von Stockausschlägen. Wenn sich derartige Austriebe an der Basis des Stammes bilden, müssen sie möglichst rasch entfernt werden. Auch Austriebe im Stammbereich (unterhalb der Krone) sind ebenfalls so früh als möglich wegzuschneiden oder wegzureißen.

Quitten sind selbstfruchtbar, daher ist es nicht notwendig, zwei verschiedene Sorten zusammenzupflanzen. Allerdings sollten Quitten immer den besten bzw. geschütztesten Platz im Garten bekommen.

Mispel *(Mespilus germanica)*

Die Mispel ist in den Gärten eher selten anzutreffen, aber auch sie kann durchaus zu einem attraktiven Ziergehölz herangezogen werden. Mispeln werden in der Regel als Meter- oder Halbstämme kultiviert. Sie sind, wie die Quitten, ebenfalls selbstfruchtbar. Die Früchte weisen eine braune Farbe auf und müssen nach der Ernte im Herbst, bevor sie verarbeitet oder gegessen werden können, etwas nachreifen. Ein leichter Frost kann dieses Nachreifen etwas beschleunigen.

Blühende Mispel als Meleestamm erzogen

Die einzelnen Sorten zeigen einen etwas unterschiedlichen Wuchs. So wachsen die Sorten „Nottingham" und „Royal" eher aufrecht, die Sorte „Dutch" weist dagegen eher die Form einer Trauerweide auf.

Die naturgemäß doch eher strauchartig wachsenden Mispeln lieben eher lockere, feuchte Böden und finden auch auf nicht immer optimal sonnigen Plätzen ihr Auslangen. Die Sorten werden ebenfalls auf Birnen, Quitten oder Weißdorn veredelt.

In den ersten Jahren nach der Pflanzung benötigen die Pflanzen eine Untertützung in Form eines Pfahls oder eines Gerüstes und der Schnitt kann am besten im Winter erfolgen.

Gut ausgebildete Mispelfrüchte im Herbst vor der Ernte

Dabei werden, ähnlich wie bei der Quitte, die vorgesehenen Hauptäste etwa um ⅓ auf nach außen zeigende Knospen eingekürzt. Schwache Triebe werden dabei auf 1–2 Augen zurückgeschnitten oder ganz entfernt. Nach Fertigstellung des Kronengerüstes sind später nur mehr geringere Schnitteingriffe (Auslichtung, formgebundene Eingriffe) notwendig. Bei einer Fächererziehung muss unbedingt auf das Wuchsverhalten der einzelnen Sorten (aufrecht oder eher hängend) Bedacht genommen werden.

Feige *(Ficus carica)*

In den letzten Jahren hat auch die Feige, obwohl eigentlich in subtropischen und tropischen Regionen beheimatet, vermehrt in den Gärten und auf den Terrassen Eingang gefunden.

Eine vollständige Ausreifung der Früchte im Freiland ist allerdings nur im milden Weinbauklima oder bei entsprechendem Frostschutz im Winter zu erwarten.

Die in unseren Breiten verwendeten Feigentypen tragen auch ohne Bestäubung Früchte (Parthenocarpie), können deshalb auch sehr leicht in Kübeln gezogen und damit im Winter frostsicher untergestellt werden.

Werden die Pflanzen im Freien kultiviert, ist darauf zu achten, dass die entsprechenden Plätze ausreichend sonnig und vor allem auch geschützt sind.

Feigen eignen sich für Fächerkronen.

In den Gärten wird die Feige vor allem als niedriger Busch (2,0–3,0 m) gezogen, aufgrund der relativ leichten Erziehbarkeit sind aber auch passende Fächerkronen an geeigneten Mauer- oder Hauswänden leicht heranzuziehen. Die Vermehrung erfolgt meist durch Stecklinge, jedoch ist die Bewurzelungswilligkeit oft sehr unterschiedlich. Günstiger ist es, sich in einer Baumschule geeignetes Material zu besorgen. Das kann eine wurzelnackte Veredlung oder auch eine Containerpflanze sein. Die Auspflanzung erfolgt am besten im Frühjahr, wobei der Boden einigermaßen locker, humusreich und gut wasserspeichernd sein sollte.

Feigen haben aufgrund ihrer relativ großen Blätter vor allem im Sommer einen höheren Wasserbedarf, aber auch im Winter darf das Substrat nicht vollständig austrocknen (mindestens 25–30 %).

Büsche werden ohne oder mit sehr kurzem Stamm erzogen, Fächerkronen sollten dagegen immer einen kurzen Stamm (30–50 cm) aufweisen. Wichtig ist außerdem, für eine Wurzeleinengung zu sorgen, wenn die Fächerkrone später eine moderate Größe behalten soll. Bei in Töpfen oder Wannen gezogenen Pflanzen ist damit

Feigen, hier mit Früchten, lassen sich gut in Töpfen ziehen (links). Feigen besitzen große Blätter und benötigen daher im Sommer regelmäßige Wassergaben (rechts).

bereits eine gewisse Begrenzung des späteren Wachstums gegeben. Unter guten Bedingungen und ohne Einschränkung des Wurzelwachstums kann eine Feigenkrone durchaus Übergrößen erreichen und dabei nur sehr wenig fruchten.

Feigenpflanzen vor dem Austrieb schneiden.

Der Schnitt der Feigenpflanzen sollte im Februar/März erfolgen, vor dem neuen Austrieb, um einen zu starken Milchsaftaustritt zu verhindern. Das führt meist dann zu zögerlichem Austrieb und zu schwächerer Verzweigung innerhalb der Krone.

Fächererziehung

Diese Erziehungsform ist vor allem für unser gemäßigt-kühles Klima gut geeignet. Um eine gleichmäßige Verteilung der späteren Hauptäste der Fächerkrone sicherzustellen, ist es günstig, vor der Auspflanzung bereits ein geeignetes Gerüst oder einen Wandspalier (Höhe etwa 2,0–2,5 m) zu errichten. Die Drähte oder Latten für das Anheften der Triebe sollten dabei max. 25–30 cm Abstand aufweisen. Um eine Wurzeleinschränkung (Wuchsbremse) zu erreichen, kann die Auspflanzung einerseits in einem Topf bzw. einer Wanne oder einem geeigneten kurzen Betonrohr (Ø 60–70 cm) erfolgen. Steht Derartiges nicht zur Verfü-

Zwei gegenüber liegende Äste bilden das Hauptastpaar (oben links). Neuerlicher Rückschnitt im Frühjahr des zweiten Standjahres (oben rechts). Triebe, die über die Krone hinauswachsen, müssen gekürzt werden (unten).

gung, kann durch das Ausheben einer Grube (60 x 70 x 60 cm), die anschließend mit Stein- oder Betonplatten ausgekleidet und mit ca. 20 cm sandigem Kies aufgefüllt wird, eine ähnliche Wirkung erreicht werden.

Nach der Anpflanzung wird die Stammverlängerung auf ca. 40–50 cm zurückgeschnitten. Von den Neuaustrieben werden im Sommer zwei passende gegenüberliegende Äste als erstes Hauptastpaar am Gerüst befestigt, die restlichen Austriebe darunter müssen entfernt werden.

Zwei passende gegenüberliegende Äste werden als erstes Hauptastpaar am Gerüst befestigt.

Im Frühjahr des 2. Jahres werden diese beiden Haupttriebe wieder etwa auf die Hälfte ihrer Länge eingekürzt. Die nun in der zweiten Vegetationsperiode gebildeten Neutriebe werden nun im Sommer für den weiteren Aufbau des Fächers verwendet. Triebe, die in Richtung Wand bzw. aus der Krone herauswachsen, sollten entweder gleich entfernt oder zumindest auf 2–3 Blätter eingekürzt werden.

Im nächsten und in den folgenden Jahren sollte dieser Vorgang so lange wiederholt werden, bis die Fächerkrone die angestrebte Ausdehnung erreicht hat (nach 4–6 Jahren).

Nach vollständiger Ausbildung des Hauptgerüstes muss nur mehr wenig geschnitten werden. Wichtig ist es, vor allem alle frostgeschädigten Triebe und zu dichte oder sich kreuzende Äste herauszuschneiden.

Bei älteren Bäumen muss in den späteren Jahren auch immer wieder auf eine gewisse Verjüngung Bedacht genommen werden. Damit sollen in erster Linie ausreichend jüngere Triebe herangebildet und dabei gleichzeitig die Kronen licht und luftig gehalten werden. Der Feigenbaum verträgt kräftige Schnitteingriffe recht gut und treibt auch aus altem Holz wieder sehr gut nach.

In unseren Breiten entwickeln sich im Spätsommer noch kleine Früchte am oder in der Nähe der Spitzen der jungen Triebe. Nach dem Laubfall hört das Wachstum dieser jungen Feigen (der so genannten Blütenfeigen) auf. Wenn diese kleinen Früchte nach milden Wintern oder an geschützten Standorten überleben, werden sie im anschließenden Frühjahr vollständig ausgebildet und können im Spätsommer geerntet werden. Ihr Überleben im Winter hängt dabei von ihrer Dicke (Entwicklungsstand), aber vor allem von den auftretenden Temperaturen ab. Nach Frösten um – 4–5 °C fallen sie aber meistens alle ab.

Von der zweiten Ernte, deren Früchte sich im Frühjahr an den neuen Trieben entwickeln, reifen vor allem die am frühesten gebildeten am besten aus und können dann vor dem Auftreten der ersten Fröste geerntet werden. Diese Feigen werden als Herbstfeigen bezeichnet. Durch das Pinzieren der jungen Austriebe zwischen Frühjahr und Hochsommer werden außerdem tiefersitzende Knospen zum Austreiben angeregt und dadurch auch einer Verkahlung der Krone vorgebeugt.

Zwei Feigenarten in einem Bild: an der Spitze Herbstfeigen (unreif; oben im Bild), darunter hängende Blütenfeigen (pflückreif; unten im Bild).

Wichtig:

Junge Austriebe im Frühjahr sind sehr frostgefährdet.

Schön gewachsene Armleuchter-pyramide mit vier Grundästen

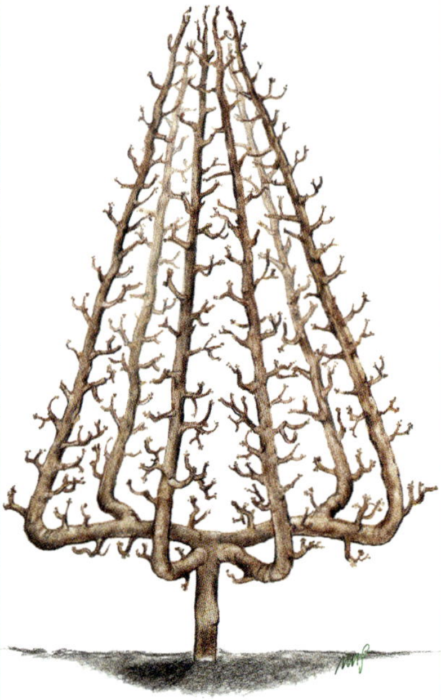

Armleuchterpyramide ohne Unterstützungsgerüst

Einige weitere Spalierformen

Neben den bisher besprochenen Erziehungsformen, mit denen der Hobbygärtner in der Regel sicher das Auslangen finden wird, sollen aber doch noch einige Kronenformen vorgestellt werden, bei denen der „Zier- oder Schauwert" wohl stärker im Vordergrund steht als der damit erzielbare Nutzen. Wenn man also als interessierter Hobbyobstbauer einmal etwas Besonderes schaffen will, dann hat man mit der Heranzucht einer Flügelpyramide (Armleuchterpyramide) oder einer Kesselkrone (Becher- oder Vasenform) die Anerkennung seiner Nachbarn sicher auf seiner Seite. Diese Formen benötigen zwar etwas aufwändigere Gerüste, sind aber insgesamt nicht so schwer zu erziehen, als es anfangs vielleicht erscheinen mag. Bei entsprechender Pflege können auch durchaus entsprechende Ernten erreicht werden. Bewährt haben sich solche Formen in erster Linie bei den Kernobstgehölzen.

Armleuchterpyramide (Flügelpyramide)

Solche Kronen werden gewöhnlich mit drei, sechs oder höchstens acht Ästen erzogen.

Man sollte sie nicht zu groß projektieren, da mit zunehmender Zahl der Seitenäste das Aufrechterhalten des Kronengleichgewichtes immer schwieriger wird.

Diese Form sollte außerdem immer ohne Mitteltrieb erzogen werden. Da das Zentrum einer Krone in der Regel am besten mit Nährstoffen versorgt wird, kommt es zwangsläufig zu einer Wachstumsabschwächung und oft zu einem ungleichen Wachstum der Seitenäste.

Das für die Aufzucht notwendige Gerüst für eine Armleuchterpyramide besteht aus einem etwa 2,5–3,0 m langen, kräftigen Baumpfahl (zentral), von dessen Spitze aus dann die notwendigen Spalierdrähte abgehen.

Diese Formierhilfen werden am besten an kurzen, am Boden eingeschlagenen Pfählen oder an geeigneten Schraubankern befestigt. Zum Spannen werden die Holzpflöcke jeweils weiter in den Boden eingeschlagen bzw. die Schraubanker etwas stärker angezogen.

Für die Pflanzung wird günstigerweise eine kräftige einjährige Veredlung mit (oder ohne) vorzeitigen Austrieben verwendet.

Aus der einjährigen Veredlung werden im ersten Jahr drei oder vier Äste gezogen.

Drei bis vier Triebe für das Grundgerüst auswählen.

Sind bereits vorzeitige Triebe vorhanden, sind drei bzw. vier davon, die ungefähr dieselbe Stärke aufweisen, für das zu bildende Grundgerüst auszuwählen, um im weiteren Verlauf eine möglichst gleichmäßige Entwicklung sicherzustellen.

Die Stammverlängerung ist anschließend knapp oberhalb des obersten Seitentriebes zurückzuschneiden.

Als erste Formierhilfe können nun im Abstand von etwa 20–30 cm drei bzw. vier kleinere Pflöcke eingeschlagen und evtl. mit dem Mittelpfahl verbunden werden, um eine möglichst waagrechte Triebführung sicherzustellen.

Diese Pfähle können dann mit den Außenpflöcken (Ankern) verbunden werden und dienen dann ebenfalls der weiteren Formgebung des Grundgerüstes. Der Durchmesser des Grundkreises beträgt meist 1,0–1,2 m.

Eine weitere Möglichkeit der Formierhilfe ist das Anbringen von zwei sich überkreuzenden Querträgern etwa 40–50 cm über dem Boden (Abb. unten Mitte). Die Länge der Querträger beträgt ebenfalls ca. 1 m. In gleicher Weise kann zur besseren Stabilisierung und Erziehung der Äste ein weiteres Kreuz (Länge 60–70 cm) in einer Höhe von mindestens 1,5 m angebracht werden. Die Querträger können zur besseren Stabilisierung außerdem mit Bandeisenringen fixiert werden.

In den meisten Fällen reichen aber die von der Spitze des Mittelpfahls abgehenden Drähte für das Aufleiten der Triebe aus: Wichtig ist nur, dass sie immer ausreichend nachgespannt werden. Die passenden Neutriebe werden im ersten Jahr leicht schräg nach oben und außen formiert. Bei entsprechender Wuchs-

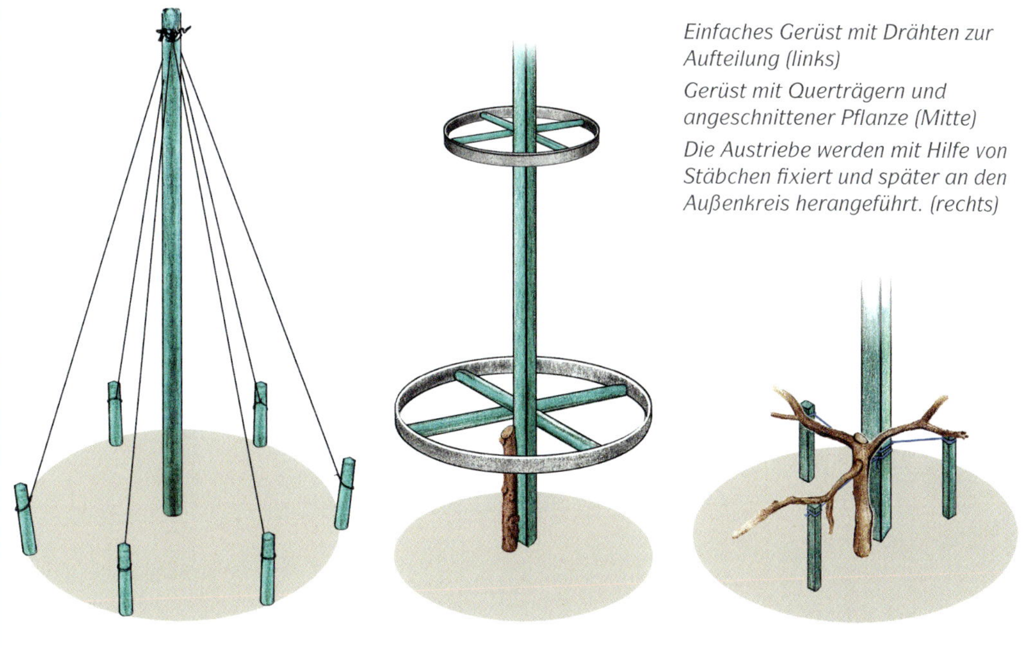

Einfaches Gerüst mit Drähten zur Aufteilung (links)

Gerüst mit Querträgern und angeschnittener Pflanze (Mitte)

Die Austriebe werden mit Hilfe von Stäbchen fixiert und später an den Außenkreis herangeführt. (rechts)

stärke können die neuen Austriebe bereits im ersten Jahr die Peripherie des Kreises erreichen. Trotzdem werden sie zu Beginn des zweiten Jahres nochmals auf 25–30 cm zurückgeschnitten und nur zwei Austriebe für den weiteren Aufbau der Krone belassen.

Diese sechs bzw. acht Neutriebe werden schließlich wieder in Richtung äußerer Ring formiert. Auch dabei können z. B. dünne Stäbe oder Latten als Formierhilfen eingesetzt werden.

Wichtig:

Die Kronentriebe möglichst in gleicher Stärke entwickeln. Ist das nicht der Fall, muss entsprechend korrigierend (z. B. durch Entspitzen bei vorauseilenden Trieben) eingegriffen werden. Schwächere Triebe können dagegen ruhig vorerst etwas aufrechter geführt werden.

Bei Erreichen des äußeren Ringes: Kronenäste nach oben ziehen und anheften.

Wenn der äußere Ring erreicht ist, werden die Kronenäste dann entsprechend an den vorbereiteten Drähten nach oben gezogen und angeheftet. Befinden sich die Triebe im Wachstumsgleichgewicht, brauchen sie später nicht mehr angeschnitten werden. Ansonsten muss nochmals zugunsten der schwächeren Äste korrigiert werden. Seitliche Austriebe müssen spätestens im Juni nach dem vierten und fünften Blatt entspitzt werden, um das Weiterwachsen des Haupttriebes sicherzustellen. Die Erziehung eines Mitteltriebes ist bei dieser Kronenform nicht vorgesehen.

Kessel- oder Becherkrone

Eine sehr ähnlich zu erziehende Kronenform ist die Becher- oder Kesselkrone. Diese Form kann mit 6, 12 oder sogar 24 (bzw. 4, 8 oder 16) Ästen erzogen werden.

Unterstützungsgerüst für eine Becherkrone

Voraussetzung für die Aufzucht ist auch in diesem Fall die Erstellung eines zweckmäßigen Gerüstes (Abb. links).

Je nach geplanter Größe der Krone werden dazu drei oder sechs stärkere Stützen senkrecht in die Erde geschlagen. Um diese Stützen werden dann 2–3 Bandeisenringe angebracht, wobei der unterste Ring sich etwa 40–50 cm über dem Boden befinden sollte. Die nächsten Eisenringe folgen jeweils im ungefähren Abstand von 80 cm. Dadurch ergibt sich eine Gesamthöhe von rund 2–2,5 m. Zwischen den jeweiligen Stützen werden dann im entsprechenden Abstand weitere, dünnere Holzlatten senkrecht an den Bandeisen befestigt, die später zum Aufleiten der Kronenäste verwendet werden.

Auch bei dieser Form wird eine kräftige einjährige Veredlung (starke bis mittelstarke Unterlage) in die Ringmitte gepflanzt und anschließend auf etwa 30–40 cm zurückgeschnitten.

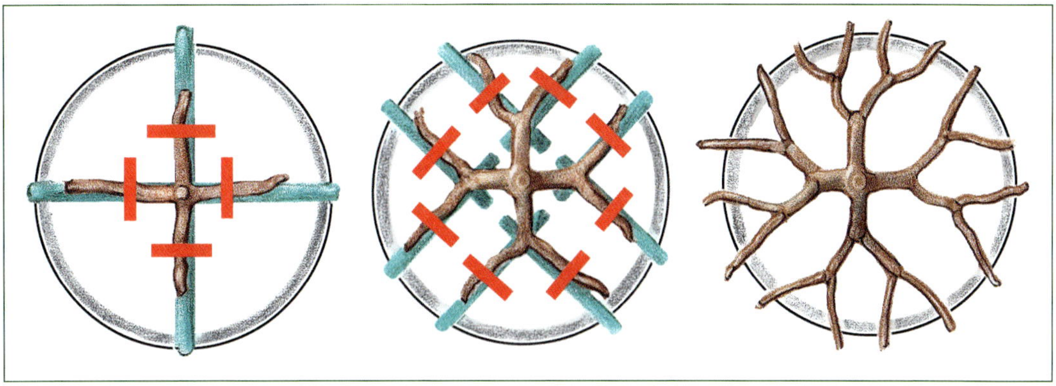

Kesselkrone mit 4, 8 bzw. 16 Ästen im Grundgerüst

Die obersten drei bzw. vier sich entwickelnden Neuaustriebe werden mit Hilfe von schwächeren Stäben leicht schräg nach oben in Richtung des untersten Bandeisenringes formiert. Im nachfolgenden Frühjahr werden die Triebe, je nach Stärke, auf etwa 20–30 cm des Neuzuwachses zurückgeschnitten. Von den Neuaustrieben sollen dann möglichst nur die beiden äußeren belassen und mit Hilfe von geeigneten Stäben wieder in Richtung Bandeisenring und Stützhölzer geführt werden.

Von Anfang an muss natürlich darauf geachtet werden, dass sich alle Äste gleichmäßig entwickeln.

Das kann durch zeitgerechtes Waagrechtstellen stärkerer Äste, durch kürzeren oder längeren Schnitt oder durch entsprechendes Pinzieren der Triebe erreicht werden.

Im dritten Standjahr werden alle Haupttriebe nochmals auf mindestens die Hälfte ihrer Länge zurückgeschnitten und wieder nur die beiden äußeren Austriebe belassen. Nach Erreichen des äußeren Flacheisenringes werden die Triebe nun an den Stützen und Stäben senkrecht nach oben geleitet und angeheftet. Je größer die Anzahl der Kronentriebe ist, desto größer muss zwangsläufig auch die Becherform werden (Ø bis 2 m) und desto schwieriger wird es auch, eine gleichmäßige Entwicklung aller Kronentriebe sicherzustellen.

Für den Anfang sind die Erfolgschancen mit einer kleineren Astanzahl (sechs oder acht Stück) für einen Hobbygärtner sicher höher.

Außerdem ist dadurch auch die Lockerheit (ein etwas größerer Abstand der Äste zueinander) besser gewährleistet und damit die Möglichkeit gegeben, auch großfrüchtige, reichtragende Sorten einzusetzen.

Gleichmäßig gewachsene Becherkrone

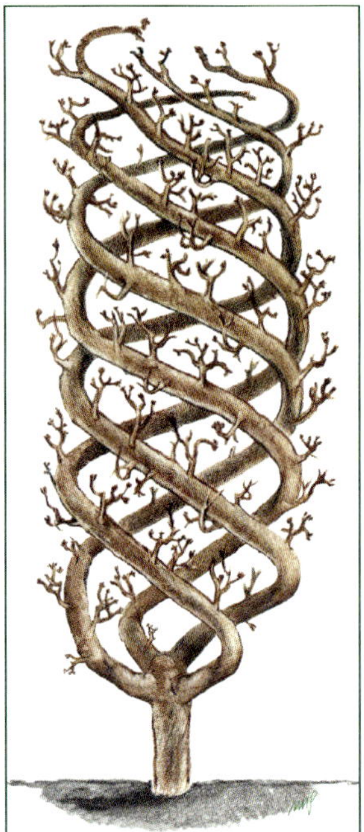

Spiralkordon

Eine weitere Form, die wie die Becherkrone ebenfalls oben offen bleibt, ist der so genannte Spiralkordon.

Für die Erziehung wird ein Gerüst, das aus vier senkrecht im Boden verankerten Stützhölzern besteht, verwendet (Abb. oben).

Zur Verbesserung der Stabilität können ebenfalls 2–3 Bandeisenringe mit einem Durchmesser von bis zu 1 m in unterschiedlichen Abständen an den 4 Stützen befestigt werden. Die Höhe des Stützzylinders sollte aber zwecks Sicherstellung der späteren Pflege- und Erntearbeiten etwa 2 m nicht überschreiten.

Zur Pflanzung im Zentrum des Zylinders sollte ebenfalls eine kräftige einjährige Veredlung verwendet werden, die nach der Pflanzung im Frühjahr auf etwa 25–30 cm Höhe zurückgeschnitten wird.

Die drei oder vier nach dem Austrieb im Frühjahr belassenen, passenden Triebe werden, ähnlich wie bei der Becherkrone beschrieben, mit Hilfe geeigneter Formierhilfen leicht schräg nach oben und außen zum untersten Flacheisenring hin ausgerichtet.

Wenn die Triebe den untersten Ring erreicht haben, werden sie an den Stäben befestigt und anschließend in einem Winkel von etwa 45° schräg nach oben formiert und wiederum befestigt.

Zur besseren Aufleitung der Triebe können auch stärkere Drähte mitverwendet werden.

Sobald in einigen Jahren die Höhe des Gerüstes (etwa 2 m) erreicht ist, werden die Triebe entspitzt und später auf schwächere Austriebe abgeleitet.

Um die Form entsprechend locker halten zu können, müssen die sich entwickelnden Seitentriebe rechtzeitig während des Sommers auf 2–4 Blätter entspitzt werden.

Falls die Möglichkeit besteht, kann das Gerüst natürlich auch nach oben verlängert werden.

Gerüst für die Erziehung eines Spiralkordons (oben)
Großer Spiralkordon mit vier Hauptästen (unten)

Sorten-
beschreibungen

Äpfel

Birnen

Zwetschken und Pflaumen

Marillen

Kirschen

Pfirsiche

Stachelbeeren

Johannisbeeren

Brombeeren

Weintrauben

Kiwis

Äpfel

Discovery

Herkunft: England, entstanden um 1950 aus einer freien Abblüte der Sorte Worcester Pearmain
Pflückreife: ab Mitte August
Frucht: klein bis mittelgroß, flach-rundlich
Schale: intensiv leuchtend rot gefärbt, wachsartig
Fruchtfleisch: weißlich, aromatisch, vorherrschend süß, schwach säuerlich
Blühzeit: mittelfrüh
Ertrag: mittel, durch den gebündelten Fruchtansatz muss aber unbedingt ausgedüngt werden
Baum: mittlerer bis schwacher, kompakter Wuchs. Bildet viele Kurztriebe, Auslichtungsschnitt erforderlich. Benötigt nährstoffreiche und durchlässige Böden
Anfälligkeiten: etwas mehltauanfällig, im Bereich der Stieleinsenkung kann es zu Rissbildungen kommen
Beurteilung: Ist aufgrund seines kompakten Wuchses für die Spaliererziehung bestens geeignet. Attraktive und geschmacklich gute Apfelsorte.

James Grieve

Herkunft: Schottland, ab 1890 im Handel
Pflückreife: Mitte August, sollte unbedingt durchgepflückt werden
Frucht: mittelgroß bis groß, rundlich, etwas unsymmetrisch mit breiten sanften Rippen, sind sehr druckempfindlich
Schale: glatt, wachsartig, später fettig, sonnseitig streifig oder deckfärbig gerötet
Fruchtfleisch: feinzellig, mittelfest, saftig, süß-säuerlich mit typischem Aroma
Blühzeit: früh, lang anhaltend, Blüten schon an den einjährigen Langtrieben
Ertrag: früh einsetzend und jedes Jahr sehr hoch
Baum: wächst mittelstark, später schwach, gedrungender Wuchs
Anfälligkeiten: bei kühlem Blühwetter kommt es zu Frostringen an den Früchten, anfällig für Blattläuse
Beurteilung: eine jährlich reich tragende Sorte, die auch in höheren Lagen auf nährstoffreichen Böden gut gedeiht. Da die Ausfärbung der Standardsorte oft unbefriedigend ist, sollte man auf intensiver rot-gefärbte Mutanten zurückgreifen.

Geheimrat Oldenburg

Herkunft: Deutschland, 1897 aus einer Kreuzung aus Minister Hammerstein x Baumanns Renette hervorgegangen
Pflückreife: gegen Ende August
Frucht: klein, aufgrund des hohen Fruchtansatzes rundlich bis hoch gebaut, schwach gerippt
Schale: gelblich-grün, glatt, später fettig, mit hell- bis manchmal auch dunkelroter Deckfärbung
Fruchtfleisch: weißlich-gelb, mittelfest, saftig und feinsäuerlich
Blühzeit: mittel, ziemlich frosthart
Ertrag: früh, regelmäßig und sehr hoch, Früchte hängen sehr dicht am Baum
Baum: durch den früh einsetzenden Ertrag nur mittelstarker Wuchs, benötigt nährstoffreiche Böden mit ausreichender Wasserversorgung
Anfälligkeiten: Holz ist empfindlich gegenüber tiefen Wintertemperaturen, etwas anfällig für Schorf und Mehltau.
Beurteilung: Bringt nur in geschützten warmen Lagen gute Fruchtqualitäten. Etwas windanfällig. Durch jährliche Schnittmaßnahmen ist junges Fruchtholz zu bilden. Wie alle Frühsorten nur von geringer Lagerfähigkeit.

Goldparmäne

Herkunft: Frankreich, um 1590, wird auch als Wintergoldparmäne bezeichnet
Pflückreife: Anfang September
Frucht: klein bis mittelgroß, rundlich
Schale: grünlich-gelb, sonnseitig orange-rot gefärbt. Die Färbung kann streifig bis deckfärbig sein
Fruchtfleisch: gelblich, feinzellig und fest, schwach süßlich, sehr aromatisch
Blühzeit: mittelspät und meistens lang andauernd
Ertrag: mittel bis hoch, neigt aber dann zur Kleinfrüchtigkeit, muss daher unbedingt ausgedünnt werden
Baum: mittelstark später schwach, mit kurzem Seitenholz, bei für Äpfel gut geeigneten Bodenbedingungen auch für höhere Lagen geeignet. Jährlicher Überwachungsschnitt notwendig
Anfälligkeiten: etwas für Schorf und Mehltau
Beurteilung: für den raschen Frischverzehr geeignet, optimaler Pollenspender für viele Apfelsorten. Der hohe Vitamin-C-Gehalt macht diese Sorte zusätzlich interessant.

Gala

Herkunft: Neuseeland, Kreuzung aus Kidd´s x Golden Delicious
Pflückreife: Anfang September
Frucht: mittelgroß, etwas hoch gebaut mit breiten sanften Rippen um die Frucht
Schale: grünlich-gelb, meistens intensiv streifig oder deckfärbig gerötet, wachsartig
Fruchtfleisch: fest, vorherrschend süß, schwach säuerlich
Blühzeit: mittelspät
Ertrag: setzt sehr früh ein und ist regelmäßig und sehr hoch, es muss daher unbedingt ausgedünnt werden.
Baum: wächst mittelstark und verzweigt gut, bildet dichte Kronen
Anfälligkeiten: für Krebs, reißt in der Stieleinsenkung bei übermäßiger Wassergabe knapp vor der Ernte auf.
Beurteilung: attraktive Sorte, von der es schon mehrere intensiver gerötete Mutanten gibt. Zeichnet sich durch eine sehr gute Lagerfähigkeit aus.

Pinova

Herkunft: Deutschland, entstanden aus einer Kreuzung Clivia x Golden Delicious, seit 1986 im Handel
Pflückreife: Ende September
Frucht: mittelgroß, rundlich und sich im Bereich des Kelches verjüngend
Schale: fest, Grundfarbe grünlich-gelb, sonnseitig Orangerot
Fruchtfleisch: feinkörnig, fest, cremefarbig, süß-säuerlich
Blühzeit: mittelspät
Ertrag: setzt früh ein und ist jedes Jahr hoch
Baum: wächst mittelstark, im Vollertrag nachlassend, sparriger Wuchs, jährliche Schnittmaßnahmen sind notwendig.
Anfälligkeiten: etwas für Mehltau, neigt zur Nachblüte (Infektionsgefahr)
Beurteilung: gut haltbarer Winteräpfel, der aber im Lager ausreichend Luftfeuchtigkeit benötigt, sonst beginnt er zu welken. Aufgrund des schwachen Wuchses für die Spaliererziehung geeignet, Triebe sind aber nur im unverholzten Zustand optimal zu formieren. Die Ausfärbung erfolgt spät. Eine intensiver gefärbte Mutante ist in Erprobung.

Champagner Renette

Herkunft: Frankreich, aus einem Zufallssämling um 1800 entstanden
Pflückreife: Mitte Oktober
Frucht: klein bis mittelgroß, flach bis flach-rundlich
Schale: wachsartig, später fettig, gelblich-weiße Grundfarbe, sonnseitig orangerot gefärbt
Fruchtfleisch: weißlich-gelb, saftig, erfrischend fein-säuerlich
Blühzeit: spät, wenig frostempfindlich
Ertrag: setzt bald ein und ist dann regelmäßig, von durchschnittlicher Höhe
Baum: mittelstark, später schwach wachsend, mit kurzem Fruchtholz, regelmäßiger Verjüngungsschnitt ist notwendig.
Anfälligkeiten: auf nassen, kalten Böden krebsanfällig, in feuchten Lagen Schorf
Beurteilung: gute Haltbarkeit im Lager, durch die vorherrschende Säure nicht vor Jänner genussreif, als Säurespender für die Safterzeugung geeignet, ideal für die Spaliererziehung.

Ananas Renette

Herkunft: wahrscheinlich aus den Niederlanden
Pflückreife: erste Oktoberhälfte
Frucht: klein bis mittelgroß und hoch gebaut
Schale: gelblich, später zitronengelb, mit unzähligen Lentizellenpunkten, sonnseitig manchmal orangerot angehaucht
Fruchtfleisch: fest, saftig, mit fein säuerlichem Aroma
Blühzeit: mittelfrüh, etwas witterungsempfindlich
Ertrag: setzt früh ein und ist von mittlerer Höhe, bei Überbehang neigt diese Sorte zur Kleinfrüchtigkeit (ausdünnen).
Baum: wächst schwach, daher regelmäßiger Schnitt notwendig, benötigt geschützte, warme Lagen.
Anfälligkeiten: für Apfelwickler und Mehltau
Beurteilung: beliebte, alte Sorte die auch für die Verarbeitung geeignet ist, Früchte hängen fest am Fruchtholz.

Londonpepping

Herkunft: England, seit über 400 Jahren bereits bekannt
Pflückreife: erste Oktoberhälfte
Früchte: mittelgroß bis groß, flach-rundlich, mit markanter Rippung um den Kelch
Schale: etwas fettig, sonnseitig orangerot gefärbt
Fruchtfleisch: weißlich-gelb, saftig, erfrischend süß-säuerlich, aromatisch
Blühzeit: mittelspät, etwas blütenfrostempfindlich
Ertrag: setzt früh ein und ist jährlich hoch.
Baum: wächst mittelstark, später schwach, bringt auf leichten, aber nährstoffreichen Böden hochwertige Früchte.
Anfälligkeiten: etwas für Schorf
Beurteilung: gut lagerfähige und auch geschmacklich sehr wertvolle Sorte. Verlangt aber eine ausreichende Pflege.

Pilot

Herkunft: in Deutschland entstanden aus der Kreuzung Clivia x Undine. Seit 1986 in Verbreitung
Pflückreife: Ende September
Frucht: mittelgroß, flach-rundlich, um den Kelch leichte Rippen
Schale: grünlich-gelb, großteils aber intensiv leuchtend rot gefärbt
Fruchtfleisch: sehr fest, knackig, saftig und erfrischend säuerlich
Blühzeit: mittelspät, frostempfindlich
Ertrag: regelmäßig und hoch
Baum: wächst zu Beginn mittelstark, später schwach, Äste wachsen waagrecht mit lockerer Verzweigung.
Anfälligkeiten: etwas für Schorf und Mehltau
Beurteilung: Die Sorte erreicht erst nach mehreren Wochen Lagerung ihr vollstes Aroma, ist auch sehr gut lagerfähig, Tafelapfel, der auch für die Verarbeitung geeignet ist.

Topaz

Herkunft: Tschechien, Kreuzung aus Rubin x Vanda, seit 1994 im Handel
Pflückreife: letzte Septemberwoche
Frucht: mittelgroß bis groß, flach-rundlich und gerippt
Schale: fest, erst grünlich-gelb, zur Zeit der Reife zitronengelb mit streifiger bis deckfärbiger Rötung um die ganze Frucht
Fruchtfleisch: fest, zur Zeit der Ernte vorherrschend sauer, nach einigen Wochen Lagerung harmonisch süß-säuerlich und sehr erfrischend
Blühzeit: früh bis mittelfrüh
Ertrag: mittelhoch bis hoch, neigt aber dann zur Alternanz
Baum: wächst mittelstark, in der Jugend aufrecht, später in die Breite gehend
Anfälligkeiten: etwas für Mehltau und Blattläuse, sensibel gegenüber Feuerbrand, große Früchte oft stippig
Beurteilung: hervorragender Winterapfel mit sehr guten Lagereigenschaften, großteils schorfresistent, benötigt nährstoffreiche Böden mit guter Wasserversorgung, wichtigste Sorte im biologischen Obstbau.

Birnen

Frühe aus Trevoux

Herkunft: Frankreich, um 1860 gefunden
Pflückreife: Ende Juli
Frucht: mittelgroß, birnen- bis glockenförmig
Schale: Grundfarbe Grünlich-Gelb, sonnseitig orange bis rötlich gestreift
Fruchtfleisch: saftig-halbschmelzend, etwas aromatisch, süß-säuerlich
Blühzeit: mittel, widerstandsfähig gegen ungünstige Blühbedingungen
Ertrag: setzt früh ein, mittlere Erträge, oft kleinfrüchtig
Baum: zu Beginn mittelstarker, später schwacher Wuchs mit hängenden Ästen, gute Blütenknospengarnierung
Anfälligkeiten: in feuchten Lagen etwas schorfanfällig
Beurteilung: Frühbirne von guter Qualität, aufgrund ihrer geringen Anfälligkeit gegenüber Krankheiten zu empfehlen. Es gibt hier eine Mutante („Super Trevoux" – größere Früchte mit den gleich guten Eigenschaften).

Jules Gujot

Herkunft: Frankreich, seit 1875 in Verbreitung
Pflückreife: ab Mitte August
Frucht: groß, lang, birnenförmig
Schale: mittelfest, glatt, gelblich-grün, sonnseitig manchmal schwach gerötet
Fruchtfleisch: saftig, schmelzend, schwach süß-säuerlich, nur wenig aromatisch
Blühzeit: mittelfrüh, wenig frostempfindlich
Ertrag: setzt früh ein und ist durchschnittlich
Baum: mittelstarker Wuchs, später schwach, jährliche Schnittmaßnahmen notwendig, da es sonst zur Vergreisung kommt und die Fruchtholzgarnierung unbefriedigend wird.
Anfälligkeiten: etwas anfällig für Apfelwicklerbefall, kaum Schorf. Empfindlich gegenüber Kupferbehandlungen
Beurteilung: attraktive Sommerbirne, als Alternative zu Williams Christ, reift aber etwas früher. Ist aber nicht so reichtragend wie Williams Christ.

Williams Christ

Herkunft: England, seit 1770 bekannt
Pflückreife: gegen Ende August
Frucht: mittelgroß bis groß, birnen- bis glockenförmig, mit beuliger Fruchtoberfläche
Schale: glatt, beim Genuss nicht störend, Grundfarbe ist Gelblich-Grün, später Gelb, vereinzelt hellorange gefärbt
Fruchtfleisch: sehr saftig, schmelzend, erfrischend süß-säuerlich, mit einem leichten Muskatgeschmack
Blüte: mittelfrüh, wenig witterungsempfindlich
Ertrag: setzt früh ein und ist jedes Jahr reichlich
Baum: wächst mittelstark, später schwach, bildet reichlich Fruchtholz
Anfälligkeiten: für Schorf, empfindlich gegenüber Kupferspritzungen, stärker anfällig für Feuerbrand
Beurteilung: Weltsorte, die geschmacklich alle Anforderungen erfüllt. Der reichliche Fruchtansatz erfordert regelmäßige Schnittarbeiten. Es sollte auch ausgedünnt werden, damit die Qualität erhalten bleibt. Neben der weißen Williams Christ gibt es noch die rote Williams, die aus einer Knospenmutation entstanden ist.

Gute Luise

Herkunft: stammt aus Frankreich und ist seit 1780 in Verbreitung
Pflückreife: Anfang September
Frucht: mittelgroß bis vereinzelt groß, birnenförmig
Schale: grünlich, zur Zeit der Genussreife grünlich-gelb. Sonnseitig rot-braun, später orange-rot gefärbt. Typisch bei dieser Sorte sind auch die tiefsitzenden braunen Schalenpunkte.
Fruchtfleisch: sehr saftig-schmelzend, erfrischend süß-säuerlich mit einem feinen Aroma
Blühzeit: mittel
Ertrag: setzt früh ein und ist dann mittelhoch. Bei Überbehang neigt die Sorte zu kleineren Früchten (ausdünnen).
Baum: Das stärkere Wachstum zu Beginn lässt mit einsetzendem Ertrag nach. In späteren Standjahren jährlicher Überwachungsschnitt erforderlich.
Anfälligkeiten: Die Blüte ist empfindlich gegenüber Blütenfrösten. Feuchte Lagen sind wegen der Schorfanfälligkeit zu meiden. Empfindlich gegenüber Kupfer- und Schwefelbehandlungen.
Beurteilung: Hervorragende Herbstbirne mit guten Lagereigenschaften. Im hartreifen Zustand auch für die Safterzeugung geeignet.

Conference

Herkunft: England, seit 1895 im Handel
Pflückreife: Mitte September
Frucht: mittelgroß, flaschenförmig
Schale: fest, grünlich-gelb, um den Kelchbereich oft intensiv berostet.
Fruchtfleisch: gelblich-weiß, saftig-schmelzend, aromatisch und vorherrschend süß
Blühzeit: mittelfrüh
Ertrag: setzt früh ein und ist später mittelhoch, neigt oft zu einem Überbehang, muss dann ausgedünnt werden.
Baum: von mittlerer Wuchskraft, zu Beginn schwach, regelmäßiger Fruchtholzschnitt, bildet überwiegend kurzes Fruchtholz.
Anfälligkeiten: Kalkgehalt in den Böden führt zur Chlorose, vor allem in Verbindung mit Quittenunterlagen.
Beurteilung: Nur unter guten Bodenbedingungen bringt diese Sorte optimale Qualitäten, in Westeuropa weit verbreitet, reift am Lager sehr gut nach.

Uta

Herkunft: Deutschland, entstanden aus einer Kreuzung von Madam Verte x Bosc´s Flaschenbirne, seit 10 Jahren verstärkt im Anbau

Pflückreife: reift in der zweiten Septemberhälfte.

Frucht: mittelgroß bis groß, kegelstumpf bis kreiselfrömig

Schale: dunkelbraun bronziert, Grundfarbe tritt kaum hervor, keine Rötung

Fruchtfleisch: saftig-schmelzend, mit einem erfrischenden Aroma, angenehm süß-säuerlich

Blühzeit: mittelspät

Ertrag: setzt früh ein und ist jedes Jahr reichlich.

Baum: von mittlerer Wuchskraft, bildet ausreichend Seitenholz, ist auf Quitte unverträglich

Anfälligkeiten: gegenüber tiefen Wintertemperaturen frostempfindlich

Beurteilung: geschmacklich sehr gute Birne, die leider kein attraktives Aussehen hat. Wird im biologischen Anbau verstärkt ausgepflanzt, da sie gegen Schorf sehr widerstandsfähig ist.

Alexander Lukas

Herkunft: um 1870 in einem Wald bei Blois in Frankreich gefunden und seither in Verbreitung

Pflückreife: gegen Ende September

Frucht: mittel bis sehr groß, birnen- bis kegelstumpfförmig, oft auch rundlich mit eingesenktem Stiel

Schale: fest, glatt, grünlich-gelb, sonnseitig orangerot gefärbt

Fruchtfleisch: saftig-schmelzend, aromatisch süß-säuerlich

Blühzeit: mittelfrüh, wenig witterungsanfällig

Ertrag: mittelhoch bis hoch, neigt zu Alternanz

Baum: mittelstarker Wuchs, später schwach und hängend, zeigt eine gute Verzweigung, jährlicher Überwachungsschnitt ist zu empfehlen.

Anfälligkeiten: gegenüber Blütenfrösten empfindlich, geringe Schorfanfälligkeit

Beurteilung: Die Sorte stellt keine hohen Ansprüche an den Standort. Früchte etwas windanfällig. Sie lässt sich gut lagern, ist aber eine triploide Sorte und daher als Befruchtungspartner für andere Sorten nicht geeignet.

Zwetschken und Pflaumen

Herman

Herkunft: Schweden, aus einer Kreuzung The Czar x Ruth Gerstetter 1952 entstanden
Reifezeit: ab der zweiten Juliwoche, folgeartig
Frucht: mittelgroß, rundlich (pflaumenartig)
Haut: im vollreifen Zustand dunkelviolett bis dunkelblau
Fruchtfleisch: weich bis mittelfest, sehr saftig, schwach gewürzt, gut steinlösend
Blühzeit: mittel, selbstfruchtbar
Ertrag: setzt früh ein, ist in den folgenden Jahren für eine Frühsorte hoch.
Baum: wächst mittelstark und bildet breite Kronen
Anfälligkeiten: für Zwetschkenrost
Beurteilung: aufgrund der frühen Reife interessant, die sich auch durch eine gute Scharkatoleranz auszeichnet. Mehrmaliges Durchpflücken aber erforderlich, um vollreife Früchte ernten zu können.

Mirabelle von Nancy

Herkunft: seit dem 18. Jahrhundert bekannt, wird hauptsächlich im Osten Frankreichs angebaut
Reifezeit: zweite Augusthälfte
Frucht: klein, rundlich
Haut: weich, goldgelb, sonnseitig rot punktiert
Fruchtfleisch: fest, gelb, aromatisch, süß, bei Überreife mehlig
Blühzeit: mittelspät, selbstfruchtbar, Blüte ziemlich frosthart
Ertrag: setzt bald ein und ist dann immer hoch.
Baum: wächst mittelstark, bildet breite Kronen und Seitenäste mit kurzem, dicht sitzendem Fruchtholz.
Anfälligkeiten: bringt nur im warmen Anbaulagen gute Qualitäten.
Beurteilung: Früchte sind sehr schmackhaft und eignen sich auch für jede Form der Verarbeitung bestens. Gegenüber Scharka tolerant.

Jojo

Herkunft: Deutschland, aus einer Kreuzung Ortenauer x Stanley entstanden.
Reifezeit: letzte Augustwoche
Frucht: groß, dunkelblau, intensive Ausfärbung bereits vor der Vollreife
Haut: mittelfest, intensiv bereift
Fruchtfleisch: fest, saftig, erfrischend säuerliches Zwetschken-aroma, gut steinlösend
Blühzeit: mittel, selbstfruchtbar
Ertrag: setzt früh ein und ist durchschnittlich bis hoch.
Baum: wächst mittelstark, bildet flache Abgangswinkel und verzweigt sich gut.
Anfälligkeiten: mittlere für Zwetschkenrost und Pflaumenwickler
Beurteilung: große, geschmacklich sehr gute Sorte, die scharkaresistent ist. Eignet sich hervorragend als Kuchenbelag.

Valjevka

Herkunft: ehemaliges Jugoslawien, seit 1984 als Sorte zugelassen
Reifezeit: Anfang September
Frucht: mittelgroß, länglich, zwetschkenartige Form
Haut: dunkelblau, intensiv gefärbt
Fruchtfleisch: fest, sehr saftig, im vollreifen Zustand goldgelbe Farbe, die Steine sind gut lösend.
Blühzeit: spät, selbstfruchtbar
Ertrag: setzt früh ein und ist dann regelmäßig.
Baum: wächst stark, später mittelstark, breitkronig, die Seitenäste sind gut verzweigt und mit kurzem Fruchtholz garniert.
Anfälligkeiten: Blüte empfindlich gegenüber kühlem und feuchtem Blühwetter, sensibel gegenüber Scharka.
Beurteilung: wird als Ersatz für die Hauszwetschken empfohlen, da sie nicht so scharkaanfällig ist. Ausdünnungs- bzw. Rückschnittmaßnahmen sind notwendig, für den Frischverzehr aber auch als Kuchenbelag geeignet.

Top 2000

Herkunft: Deutschland, aus einer freien Abblüte der Sorte Stanley entstanden.
Reifezeit: Anfang bis Mitte September, je nach Anbaugebiet
Frucht: länglich, typisch zwetschkenförmig
Haut: intensiv blau gefärbt und fest
Fruchtfleisch: gelb, würzig und erfrischend süß-säuerlich, der Stein ist gut lösend vom Fruchtfleisch.
Blühzeit: mittel, sehr robust auch gegenüber leichten Blütenfrösten, selbstfruchtbar
Ertrag: setzt früh ein und ist immer sehr hoch, eine Ausdünnung ist fast jedes Jahr erforderlich.
Baum: wächst mittelstark, später schwach und bildet breite Kronen.
Anfälligkeiten: bei stärkerem Regen Neigung zum Platzen der Früchte, wodurch die Gefahr von Fruchtmonilia besteht, anfällig für Pflaumenwickler.
Beurteilung: scharkaresistente Sorte von guter Qualität. Neben dem Frischverzehr auch für die Verarbeitung gut geeignet.

Elena

Herkunft: Deutschland, Universität Hohenheim, 1980 aus einer Kreuzung Fellenberg x Stanley entstanden
Reifezeit: ab der zweiten Septemberwoche
Frucht: oval, ungleichhälftig
Haut: mittelgroß, dunkelblau, intensiv bereift
Fruchtfleisch: gelbgrün, sehr saftig, harmonisch süß-säuerlich, mit Zwetschkenaroma
Blühzeit: mittelfrüh, selbstfruchtbar
Ertrag: setzt bald ein und ist dann jedes Jahr regelmäßig und hoch.
Wuchs: zu Beginn stark, mit einsetzendem Ertrag mittelstark, gute Verzweigung
Anfälligkeiten: etwas Fruchtmonilia, Stein löst nicht immer gut vom Fruchtfleisch.
Beurteilung: sehr guter Geschmack, für den Frischverzehr gut und für die Verarbeitung sehr gut geeignet. Außerdem ist sie scharkatolerant.

Anna Späth

Herkunft: stammt ursprünglich aus Ungarn. Wurde um 1875 in den Handel gebracht.
Reifezeit: Mitte September
Frucht: mittelgroß, fast rundlich (wird deshalb auch als Halbzwetschke bezeichnet)
Haut: violett bis dunkelblau und sehr fest
Fruchtfleisch: gelb, saftig und fest, von süß-saurem Geschmack. Der Stein löst sich oft schlecht vom Fruchtfleisch.
Blühzeit: mittel, selbstfruchtbar und wenig anfällig gegenüber Blütenfrösten
Ertrag: Die Sorte benötigt einige Jahre bis sie zufriedenstellend trägt. Sie kann aber dann in einem Pflückgang geerntet werden
Baum: wächst mittelstark, in den Folgejahren sind Triebe mit dichtsitzendem Fruchtholz garniert. Holz zeigt gute Winterfrosthärte.
Anfälligkeiten: Früchte können bei starkem Regen platzen, Pflaumensägewespen und Pflaumenwickler können Probleme bereiten. In späten Lagen ist die Ausreifung der Früchte oft mangelhaft.
Beurteilung: als spät reifende Sorte interessant, sie ist auch scharkatolerant. Sie kann als Kompott und Marmelade verarbeitet werden. Ist aber auch für den Frischverzehr bestens geeignet.

Marillen

Orangered

Herkunft: New Jersey, USA
Reifezeit: Anfang Juli
Frucht: mittelgroß, rundlich
Haut: mittelfest, Grundfarbe Orange, sonnseitig leuchtend rot gefärbt
Fruchtfleisch: fest, mäßig saftig, schwaches Marillenaroma
Blühzeit: mittel, selbststeril, benötigt daher einen Befruchtungspartner.
Ertrag: früh einsetzend, durchschnittliche Erträge
Baum: wächst zu Beginn stark, lässt aber bald nach.
Anfälligkeiten: in feuchten Jahren Blüten- und Fruchtmonilia
Beurteilung: als Frühsorte sehr interessant, bringt aber nur unter marillenholden Anbaugebieten die erwünschte Qualität. Laufende Formierarbeiten nötig.

Rouges de Fournes

Herkunft: Frankreich, aus einem Zufallssämling entstanden
Reifezeit: ab Mitte Juli folgeartig
Frucht: klein, rundlich, etwas kantig
Haut: mittelfest, Grundfarbe Orange, sonnseitig orange gesprenkelt
Fruchtfleisch: mittelfest bis fest, gelb-orange, mäßig saftig, nur geringes Marillenaroma
Blühzeit: früh, selbstfruchtbar
Ertrag: setzt früh ein und ist jedes Jahr hoch
Baum: wächst zu Beginn stark, später mittelstark, Seitenäste mit reichlichem Blütenknospenansatz
Anfälligkeiten: etwas Schorf und Blütenmonilia, anfällig für Scharka
Beurteilung: Der nach Ertragseintritt bald beginnende schwächere Wuchs ermöglicht eine leichte Erziehung als Spalier. Muss aber unbedingt ausgedünnt werden. Aufgrund der Fruchtgröße ideale Knödelmarille, gute Transportfähigkeit.

Goldrich

Herkunft: USA, auch unter dem Namen Jumbo Cot bekannt
Reifezeit: Mitte Juli
Frucht: groß bis sehr groß, rundlich
Haut: fest, intensiv orange gefärbte Grundfarbe, kaum gerötet
Fruchtfleisch: fest, zur Zeit der Reife mit Marillenaroma und fein säuerlicher Note
Blühzeit: früh, da sie nur teilweise selbstfruchtbar ist, wird ein Befruchtungspartner benötigt.
Ertrag: setzt früh ein und ist in der Folge hoch.
Baum: wächst stark, zeigt aber eine gute Verzweigung, später ist zur Fruchtholzregulierung ein jährlicher Schnitt notwendig.
Anfälligkeiten: Scharka und Blütenmonilia
Beurteilung: geschmacklich sehr gute Frucht, die hauptsächlich für den Frischverzehr geeignet ist.

Aprikose von Nancy

Herkunft: in Frankreich zu Beginn des 18. Jahrhunderts gefunden, heute gibt es von dieser Sorte bereits mehrere Mutanten.
Reifezeit: ab dritter Juliwoche
Frucht: mittelgroß bis groß, eiförmig
Haut: fest bis feinwollig behaart, Grundfarbe ist grünlich-gelb, sonnseitig leicht gerötet
Fruchtfleisch: mittelfest, bei Vollreife weich, überwiegend süß, aromatisch
Blühzeit: mittel, selbstfruchtbar
Ertrag: setzt nach einigen Jahren ein und ist dann durchschnittlich.
Baum: wächst stark, bildet aber flache Seitenäste mit kurzem Fruchtholz.
Anfälligkeiten: etwas Blütenmonilia, Regen vor der Ernte lässt die Früchte gerne platzen.
Beurteilung: geschmacklich sehr gut, reift gut nach, sowohl als Tafelfrucht als auch für die Verarbeitung geeignet, bei beginnender Überreife manchmal mehlig.

Ungarische Beste

Herkunft: Ungarn, Zufallssämling um 1870 gefunden
Reifezeit: ab Mitte Juli folgeartig
Haut: fest, Grundfarbe grünlich-gelb bis gelb, sonnseitig unterschiedlich stark von orangerot bis karminrot gefärbt
Fruchtfleisch: mittelfest und saftig, mit einem hervorragenden Marillenaroma
Blütezeit: mittelspät, selbstfruchtbar
Ertrag: setzt verspätet ein, nach einem hohen Ertragsjahr kommt es zur Alternanz.
Baum: wächst zu Beginn stark, nach dem Ertragsbeginn etwas schwächer.
Anfälligkeiten: Scharka und auch Blüten- und Fruchtmoniliabefall
Beurteilung: hervorragende Fruchtqualität, Hauptsorte in Österreich, bei Vollreife druckempfindlich. Für den Frischverzehr und für jede Form der Verarbeitung bestens geeignet. In Österreich auch unter dem Namen Klosterneuburger Marille bekannt. Heute gibt es von dieser Sorte viele Mutationen, die sich ein einer früheren oder späteren Ernte gegenüber der Ausgangssorte unterscheiden.

Kuresia

Herkunft: Deutschland, aus einer unbekannten Sorte entstanden
Reifezeit: letzte Juliwoche
Frucht: mittelgroß, rundlich
Haut: mittelfest, Grundfarbe gelb bis orangegelb, sonnseitig leicht gerötet
Fruchtfleisch: weich bis mittelfest, gelblich, schwach süß-säuerlich
Blühzeit: mittelfrüh, dürfte selbstfruchtbar sein.
Ertrag: setzt früh ein, ist aber nur durchschnittlich.
Baum: wächst mittelstark, lockerer Kronenaufbau
Anfälligkeiten: Schorf, etwas Blütenmonilia
Beurteilung: gegenüber der Scharkavirose immun. Stellt keine hohen Ansprüche an die Anbaugebiete. Aufgrund der weichen Früchte nur für den Eigenbedarf zu empfehlen.

Bergeron

Herkunft: Frankreich, aus einem Zufallssämling um 1920 entstanden
Reifezeit: Ende Juli, Anfang August
Frucht: mittelgroß bis groß, hochrundlich
Haut: fest, orange Grundfarbe, sonnseitig marmoriert bis deckfärbig hellrot gefärbt
Fruchtfleisch: fest, orange Farbe, nicht sehr saftig, aber fein säuerlich und aromatisch
Blühzeit: mittelspät, selbstfruchtbar
Ertrag: setzt früh ein und ist dann jedes Jahr regelmäßig und hoch.
Baum: zu Beginn von starker, später von mittlerer Wuchskraft, reichliche Blütenknospengarnierung
Anfälligkeiten: Blütenmonilia, scharkasensibel
Beurteilung: großfrüchtige, spät reifende Sorte, die auch geschmacklich entspricht. Für den Frischverzehr und für die Verarbeitung. Benötigt aber zur optimalen Fruchtentwicklung marillengeeignete Anbaulagen. Es gibt auch schon eine intensiver gerötete Mutation von dieser Sorte.

Kirschen

Bigarreau Burlat

Herkunft: Frankreich, entstanden aus einem Sämling
Reifezeit: Anfang Juni
Frucht: groß, herz- bis nierenförmig
Haut: leuchtend rot, glänzend
Fruchtfleisch: rot, halbfest, angenehm süß-säuerlich, etwas aromatisch
Blühzeit: mittelfrüh, selbststeril, benötigt einen Befruchtungspartner
Ertrag: setzt früh ein und ist für eine Frühsorte hoch.
Baum: wächst in den ersten Jahren stark, nach einigen Jahren schwächer, verzweigt sehr gut.
Anfälligkeiten: Blüte etwas frostempfindlich
Beurteilung: Für eine Frühsorte von ausgezeichneter Qualität, festfleischiger als alle anderen Frühsorten.

Celeste

Herkunft: Summerland, Kanada, seit 1980 in Verbreitung
Reifezeit: zweite Juniwoche
Frucht: groß bis sehr groß
Haut: dunkelrot und glänzend
Fruchtfleisch: mittelfest, saftig, von sehr gutem Geschmack
Blühzeit: mittelfrüh, selbstfruchtbar
Ertrag: setzt früh ein und ist dann durchschnittlich.
Wuchs: mittlere Wuchskraft, Bildung steiler Triebe, diese sollten, solange sie nicht verholzt sind, formiert werden.
Anfälligkeiten: bei Regen knapp vor der Ernte platzen die großen Früchte leicht.
Beurteilung: Frühsorte, die keinen Befruchtungspartner benötigt. Aufgrund der frühen Reife noch madenfrei.

Samba

Herkunft: Summerland, Kanada
Reifezeit: zweite Juniwoche
Frucht: groß bis sehr groß, herzförmig
Haut: fest und intensiv glänzend
Fruchtfleisch: dunkelrot gefärbtes Fruchtfleisch, harmonisch süß-säuerlich, aromatisch
Blühzeit: mittelfrüh, soll teilweise selbstfruchtbar sein
Ertrag: setzt früh ein und ist jedes Jahr hoch.
Baum: mittelstarker Wuchs, bildet starke Leittriebe, die sich nur mäßig verzweigen
Anfälligkeiten: Schwarze Kirschenläuse, etwas platzempfindlich
Beurteilung: Großfrüchtige Sorte von sehr gutem Geschmack, Holz und Knospen winterfrosthart, der jedes Jahr reichliche Blütenansatz dünnt sich selbst gut aus.

Große Prinzessinkirsche

Herkunft: Deutschland, bereits seit über 250 Jahren bekannt
Reifezeit: ab Mitte Juni
Frucht: mittelgroß bis groß, herzförmig
Haut: fest, Grundfarbe gelb bis orangegelb, sonnseitig karminrot
Fruchtfleisch: fest, „knackig", erfrischend säuerlich-süß, gutes Aroma, Saft färbt aber nicht.
Blühzeit: mittel, selbststeril, benötigt daher einen Befruchtungspartner.
Ertrag: setzt bald ein und ist dann hoch.
Baum: wächst zuerst stark, später mittelstark und bildet später hängende Äste.
Beurteilung: Ist aufgrund ihrer Fruchtfarbe zu den Raritäten zu zählen. Ist für den Frischverzehr, aber auch zur Verarbeitung, speziell für Kompotte, bestens geeignet.

Van

Herkunft: Summerland, Kanada, kam vor 50 Jahren nach Europa
Reifezeit: ab Mitte Juni
Frucht: mittelgroß bis groß, nierenförmig
Haut: glänzend, mit feiner Punktierung
Fruchtfleisch: fest, leuchtend rot, süß-säuerlich aromatisch, Saft färbend
Blühzeit: mittelfrüh, selbststeril, ein passender Befruchtungspartner wird benötigt.
Ertrag: setzt früh ein und ist dann regelmäßig hoch.
Wuchs: zuerst stark, lässt aber rasch nach, verzweigt sich sehr gut, Seitenäste mit dicht sitzenden Bukettzweigen
Anfälligkeiten: Dicht sitzende Früchte sind platzempfindlich.
Beurteilung: ausgezeichnete Tafelfrucht, durch den kurzen Stiel ist das Pflücken mühsamer als bei den anderen Sorten. Der fast jedes Jahr reiche Fruchtansatz sollte ausgedünnt werden.

Hedelfinger

Herkunft: Sämling aus Hedelfingen (Raum Stuttgart)
Reifezeit: gegen Ende Juni
Frucht: mittelgroß, herzförmig
Haut: leuchtend kirschrot bis dunkelrot
Fruchtfleisch: fest, süß, schwach säuerlich, aromatisch, Saft färbend
Blühzeit: mittelspät, benötigt Befruchtungspartner
Ertrag: späterer Ertragsbeginn, dafür aber dann hoch und regelmäßig
Wuchs: in den ersten Jahren aufrecht, später hängend, Seitenäste reichlich mit Blütenknospen besetzt
Anfälligkeiten: platzt sehr leicht.
Beurteilung: stellt an den Standort keine hohen Ansprüche, für den Frischeverzehr und für die Verarbeitung geeignet, es gibt von dieser Sorte auch später reifende Selektionen.

Bastardkirschen

Königin Hortensie

Herkunft: nicht bekannt
Reifezeit: Mitte Juni
Frucht: mittelgroß bis groß, oval
Haut: dünn, gelb, sonnseitig orangerot gefärbt
Fruchtfleisch: weich, sehr saftig, aromatisch, harmonisch süß-säuerlich
Blühzeit: mittel, selbststeril
Ertrag: setzt verspätet ein und ist dann durchschnittlich.
Baum: wächst mittelstark, später schwach, mit hängenden Zweigen
Anfälligkeiten: gegenüber Blütenmonilia, Fruchtschale wird rasch braun.
Beurteilung: Liebhabersorte, ist für den sofortigen Frischverzehr geeignet, benötigt geschützte Standorte.

Sauerkirschen

Köröser II

Herkunft: Ungarn, früher reifende Selektion aus der Köröser-Gruppe
Reifezeit: Mitte Juni
Frucht: mittelgroß bis groß, flach-rundlich
Haut: mittelfest, dunkelrot bis fast schwarz
Fruchtfleisch: mittelfest, sehr saftig, angenehm säuerlich-süß, feines Aroma, Saft stark färbend
Ertrag: setzt früh ein und ist dann durchschnittlich.
Wuchs: stark, später mittelstark, verkahlt nur mäßig.
Anfälligkeiten: etwas für Blütenmonilia, die reifen Früchte platzen bei Regen leicht.
Beurteilung: hauptsächlich für den Frischverzehr geeignet, aber auch für Verarbeitung.
Bringt aber nur zufriedenstellende Erträge, wenn die Blüte samt der Befruchtung optimal verläuft.

Karneol

Herkunft: Deutschland, aus einer Kreuzung Köröser x Schattenmorelle entstanden. Seit 1990 zugelassen.
Reifezeit: Anfang Juli
Frucht: mittelgroß bis groß
Haut: mittelfest, braunrot bis dunkelbraunrot, fein punktiert
Fruchtfleisch: intensiv rot färbend, angenehm süß-säuerlich
Blühzeit: mittel, teilweise selbstfruchtbar
Ertrag: setzt bald ein und ist dann durchschnittlich.
Baum: zu Beginn stark, nach einigen Jahren schwächer, bildet breite Kronen. Seitenäste hängend, verkahlen aber nicht so stark wie bei den Schattenmorellen
Anfälligkeiten: etwas empfindlich gegenüber Blütenfrösten
Beurteilung: ideale Frucht für die Verarbeitung aber auch für den Frischeverzehr, ideal für Selbstversorger. Geschützte Lagen sind zu empfehlen. Durch die Verwendung schwächer wüchsiger Unterlagen kann die starke Wuchskraft reduziert werden.

Pfirsiche

Mayflower

Herkunft: USA, seit 1930 weltweit verbreitet
Reifezeit: Anfang Juli
Frucht: mittelgroß
Haut: mittelfest, wollig behaart, Grundfarbe grünlich-gelb, sonnseitig deckfärbig gerötet
Fruchtfleisch: weißlich-grün, um den Stein gerötet, aromatisch, Stein löst sich aber nicht vom Fruchtfleisch.
Blühzeit: mittelfrüh, selbstfruchtbar
Ertrag: setzt bald ein, bringt aber nur mittlere Erträge.
Baum: wächst kräftig, lässt im Alter nach.
Anfälligkeiten: gering gegenüber der Kräuselkrankheit
Beurteilung: Frühpfirsich mit gutem Aroma, sehr frosthart, die Standortansprüche sind gering.

Redhaven

Herkunft: Michigan, USA, seit 1940 im Handel
Reifezeit: Anfang August
Frucht: mittelgroß bis groß
Haut: mittelfest, feinwollig behaart, lässt sich gut abziehen Grundfarbe hellgelb bis gelb, Rötung karmin- bis dunkelrot
Fruchtfleisch: leuchtend gelb, fest, saftig, mittelfest, harmonisch süß-säuerlich, mit ausgeprägtem Pfirsicharoma
Blühzeit: mittel, selbstfruchtbar
Ertrag: setzt früh ein und ist bei entsprechender Pflege jedes Jahr hoch.
Baum: wächst mittelstark und ist sehr anpassungsfähig.
Anfälligkeiten: Scharka, Kräuselkrankheit, aber nicht so empfindlich wie andere Sorten
Beurteilung: erster völlig steinlösender Pfirsich, von ausgezeichneter Qualität, wichtigste Sorte im Pfirsichanbau.

Weingartenpfirsich

Herkunft: meistens aus Sämlingen gezogene Bäume, heute werden verschiedene Selektionen in den Baumschulen angeboten.
Reifezeit: je nach Typ ab Anfang August in den folgenden Wochen
Furcht: klein bis mittelgroß, rundlich
Haut: wollig behaart, Grundfarbe Grün, sonnseitig hell- bis leuchtend rot gefärbt
Fruchtfleisch: grünlich bis weißlich-grün, sehr saftig, mit sehr gutem Pfirsicharoma
Blühzeit: mittel, selbstfruchtbar
Ertrag: setzt bald ein und ist dann immer hoch, Ausdünnung unbedingt notwendig
Baum: wächst mittelstark, jedes Jahr Schnittmaßnahmen notwendig
Anfälligkeiten: Scharka
Beurteilung: geschmacklich sehr gute Früchte, aber meistens nicht sehr attraktiv, neigen aber zur Kleinfrüchtigkeit, jährliche Schnittmaßnahmen daher notwendig.

Kernechter vom Vorgebirge

Herkunft: Deutschland, entstanden aus einem Zufallssämling um 1870. Auch als Roter Ellerstädter bekannt.
Reifezeit: ab Anfang September
Frucht: mittelgroß bis groß, oval
Haut: grünlich-gelb bis gelb, sonnseitig karminrot gefärbt, wollig behaart, lässt sich aber gut abziehen
Fruchtfleisch: fest, grünlich-weiß, saftig, säuerlich mit schwachem Aroma, gut steinlösend
Blühzeit: mittelspät, selbstfruchtbar
Ertrag: setzt verzögert ein, ist aber dann durchschnittlich bis hoch.
Wuchs: kräftig, später mittelstark
Anfälligkeiten: gering anfällig gegenüber der Kräuselkrankheit und Fruchtmonilia
Beurteilung: stellt an den Standort und Klima nur geringe Anforderungen, für die Verarbeitung zu Kompotten gut geeignet.

Stachelbeeren

Hönings Früheste

Herkunft: Deutschland, seit 1900 im Anbau
Reifezeit: sehr früh, Ende Juni
Frucht: mittelgroß, rundlich bis oval
Haut: gelb, dünn, feine Borsten
Fruchtfleisch: weich, vorherrschend süß, schwach säuerlich, angenehmes Aroma
Blühzeit: früh, selbstfruchtbar, zusätzliche Befruchtungspartner bringen einen besseren Fruchtansatz.
Ertrag: durchschnittlich, schwankend
Wuchs: stark und aufrecht, regelmäßige Schnittmaßnahmen notwendig
Anfälligkeiten: mittelmäßig für Mehltau, empfindlich gegen Winterfrost
Beurteilung: geschmacklich sehr gute Sorte, stellt an den Boden höhere Ansprüche, für den Frischverzehr geeignet, druckempfindlich.

Remarka

Herkunft: Deutschland, seit 1970 im Handel
Reifezeit: mittelfrüh, erste Julihälfte
Frucht: mittelgroß, rundlich
Haut: dunkelrot, dünn, kaum behaart
Fruchtfleisch: sehr saftig, erfrischend säuerlich-süß, gutes Stachelbeeraroma
Blühzeit: früh bis mittel, selbstfruchtbar
Ertrag: durchschnittlich
Wuchs: mittelstark bis schwach, kompakt, regelmäßige Schnittmaßnahmen notwendig
Anfälligkeiten: gering für Mehltau, Früchte platzen bei Regen, daher mehrmaliges Durchpflücken
Beurteilung: für eine früh reifende Sorte sehr guter Geschmack.

Invicta

Herkunft: East Malling, England
Reifezeit: mittel, ab Mitte Juli
Frucht: mittelgroß, rundlich bis schwach hoch gebaut
Haut: hellgrün, dünn, gering behaart, feine Borsten
Fruchtfleisch: grünlich-gelb, süß, schwach säuerlich, harmonischer Geschmack, gutes Aroma
Blühzeit: mittel, selbstfruchtbar
Ertrag: ist hoch und regelmäßig.
Wuchs: kräftig und aufrecht
Anfälligkeiten: gering für Mehltau, wenig platzempfindlich
Beurteilung: ist für die Heckenerziehung sehr gut geeignet, ideal für den Hausgarten.

Rexrot

Herkunft: Deutschland, Zufallssämling, seit 1999 im Handel
Reifezeit: mittel, ab Mitte Juli
Frucht: mittelgroß bis groß, rundlich
Haut: braunrot, sonnseitig leuchtend rot, mittelfest, kaum behaart
Fruchtfleisch: angenehm süß-säuerlich, erfrischendes Stachelbeeraroma
Blühzeit: mittelfrüh, selbstfruchtbar
Ertrag: hoch und regelmäßig
Wuchs: mittelstark, zuerst aufrecht, später breit ausladend
Anfälligkeiten: gering für Mehltau, Früchte ziemlich platzfest
Beurteilung: sehr attraktive Früchte, ziemlich robust, für den Hausgarten geeignet.

Rote Johannisbeeren

Rovada

Herkunft: Niederlande, seit 1970 im Anbau
Reifezeit: spät, Ende Juli
Frucht: Beeren einheitlich kugelig, lange Trauben
Haut: leuchtend rot, glänzend
Fruchtfleisch: aromatisch, mit betont saurer Note
Blühzeit: spät, selbstfruchtbar
Ertrag: hoch bis sehr hoch
Wuchs: mittelstark buschig
Anfälligkeiten: gering für Gallmilben, neigt kaum zum Verrieseln
Beurteilung: für den Frischverzehr und die Verarbeitung geeignet, ideal für die Heckenerziehung, regenfest.

Schwarze Johannisbeeren

Titania

Herkunft: Schweden, seit 1985 in Verbreitung
Reifezeit: mittelspät, zweite Julihälfte
Frucht: Beeren mittelgroß bis groß, langtraubig
Haut: schwarz, matt-glänzend
Fruchtfleisch: säuerlicher Geschmack, aromatisch
Blühzeit: mittel, selbstfruchtbar
Ertrag: hoch bis sehr hoch
Wuchs: kräftig, aufrecht, in die Breite gehend
Anfälligkeiten: für Säulenrost gering, etwas für Mehltau und Milben, neigt kaum zum Verrieseln.
Beurteilung: reichtragende Sorte für alle Formen der Verarbeitung, bei guten Bodenbedingungen erhöhen sich der Ertrag und die Qualität der Früchte.

Brombeeren

Black Satin

Herkunft: Illinois, USA
Reifezeit: ab Ende Juli
Frucht: mittelgroß, rundlich bis oval
Haut: glänzend schwarz, mittelfest
Fruchtfleisch: saftig, weich, erfrischend
Blühzeit: mittel, selbstfruchtbar, zusätzliche Befruchtungspartner bringen einen besseren Fruchtansatz.
Ertrag: mittel bis hoch
Wuchs: stark, Triebe ohne Stacheln
Anfälligkeiten: etwas für Botrytis
Beurteilung: Früchte vielseitig verwendbar, reifen bis in den November, auch für den Hausgarten geeignet.

Nessy

Herkunft: Dundee, Schottland
Reifezeit: ab Ende Juli
Frucht: mittelgroß, oval, am Fruchtbodenansatz breiter
Haut: fest, glänzend schwarz
Fruchtfleisch: süß-säuerlich, mit Brombeeraroma
Blühzeit: früh, selbstfruchtbar
Ertrag: mittelhoch und regelmäßig
Wuchs: stark, bildet bis zu 3 m lange stachellose Ranken
Anfälligkeiten: gering für Fruchtfäule, etwas für falschen Mehltau
Beurteilung: großfrüchtige und geschmacklich sehr gute Sorte, die auch vielseitig verwendbar ist, auch für Hausgärten, gute Winterfrosthärte.

Theodor Reimers

Herkunft: aus dem Himalaya-Gebiet, von Theodor Reimers um 1900 in Deutschland eingeführt
Reifezeit: ab Anfang August folgeartig
Frucht: klein bis mittelgroß, etwas uneinheitlich, rundlich
Haut: mittelfest, glänzend schwarz
Fruchtfleisch: saftig, erfrischend süß-säuerlich, mit intensivem Brombeeraroma
Blühzeit: mittel, selbstfruchtbar
Ertrag: mittelhoch bis hoch
Wuchs: kräftig, stark rankend, verzweigt gut, hat aber sehr viele spitze Stacheln
Anfälligkeiten: etwas für Fruchtfäule, empfindlich gegen Winterfrost
Beurteilung: nur die vollreifen Früchte haben das hervorstechende Brombeeraroma, für die Verarbeitung bestens geeignet.

Weintrauben

Königin der Weingärten

Herkunft: Ungarn, seit fast 100 Jahren bekannt
Reifezeit: Ende August
Frucht: Beeren groß, rundlich bis oval
Haut: fest
Fruchtfleisch: grünlich-gelb, süß mit einem leichten Muskataroma
Blühzeit: mittelfrüh
Ertrag: hoch
Wuchs: kräftig, Schnitt in jeder Form möglich
Anfälligkeiten: etwas für echten und falschen Mehltau
Beurteilung: früh reifende Tafeltraube, macht bei der Erziehung wenig Probleme.

Gutedel

Herkunft: soll ursprünglich aus der Türkei stammen, heute auf der ganzen Welt verbreitet
Reifezeit: erste Septemberhälfte
Frucht: Beeren groß, leicht kegelförmig
Haut: dünn, gelb bis goldgelb
Fruchtfleisch: süß, angenehmes Aroma
Blühzeit: mittelspät
Ertrag: hoch und regelmäßig
Wuchs: kräftig
Anfälligkeiten: Peronospora und Oidium, auch mit Traubenwicklerbefall ist zu rechnen
Beurteilung: benötigt geschützte, spätfrostfreie Standorte, hervorragende Tafeltraube.

Kiwis

Hayward

Herkunft: 1950 als Selektion herausgekommen und nach Hayward Wright benannt, wird heute weltweit angebaut
Reifezeit: Ende Oktober
Frucht: groß, walzenförmig
Haut: pelzig-braun behaart, lässt sich gut abschälen
Fruchtfleisch: grün, saftig und erfrischend
Blühzeit: Juni, rein weiblich, Befruchtersorte wird benötigt.
Ertrag: hoch bis sehr hoch
Wuchs: kräftig
Anfälligkeiten: reift bei uns nur in geschützten Lagen aus.
Beurteilung: aufgrund ihres hohen Ertrages und ihrer Fruchtgröße zu empfehlen, gut lagerfähig, hoher Vitamin-C-Gehalt.

In den letzten Jahren sind Sorten auf den Markt gekommen, die auf einer Pflanze weibliche und männliche Blüten tragen. Bekannte Sorten sind Jenny oder Solo. Obwohl sie dadurch selbstfruchtend sind und auch weniger Platz brauchen, bringt eine Befruchtersorte bessere Erträge. Die Früchte dieser Sorten sind kleiner und reifen im Oktober. Sie erreichen ungefähr die Größe von Nüssen. Die Erträge sind durchschnittlich.

Die wichtigsten Krankheiten von Obstgehölzen

Tierische Schädlinge, pilzliche Schaderreger und physiologische Krankheiten treten an den Obstgehölzen dann verstärkt auf, wenn die Boden- und Klimabedingungen nicht geeignet sind. Außerdem sollten die Schnitt- und Formierarbeiten bei den Obstarten terminlich abgestimmt werden, damit sich nicht nur die vegetative und die generative Entwicklung der Obstbäume im Gleichgewicht befinden, sondern die Arbeiten auch der Gesunderhaltung der Obstbäume dienen sollen.

Äpfel

Blattläuse

Blattläuse sind oft auf den Obstbäumen zu finden. Sie überwintern auch an den Stämmen in Rissen oder Rindenschuppen.

Bei den Äpfeln sind es vor allem die Mehligen Blattläuse, die Apfelfalten- und die Grünen Apfelblattläuse, die massive Schäden verursachen. Aufgrund ihrer raschen Vermehrung kommt es zu starken Kräuselungen der Blätter. So werden durch die Saugtätigkeit der Mehligen Apfelläuse auch die Früchte deformiert.

Die Apfelfaltenläuse wiederum verursachen eine intensive Rotfärbung der Blätter (siehe Abb. Seite 138 oben).

Die grünen Apfelblattläuse verursachen im Sommer starke Blattkräuselungen, wodurch die Triebspitzen verkrüppeln und sogar absterben können.

Nützlinge, wie z. B. die Flor-, Schwebfliegen oder Marienkäfer, um nur einige zu nennen, können die Blattläuse deutlich reduzieren.

Durch Leimringe, die man um die Obstbaumstämme anlegt, kann das Hinaufwandern der Ameisen, die die Ausbreitung der Blattläuse begünstigen, verhindert werden. Wird der Befallsdruck zu hoch, sind Spritzungen unerlässlich. Heute stehen sowohl biologische als auch synthetische Präparate zur Verfügung.

Blutläuse

Blutläuse sind vor allem im Bereich von Schnittwunden, Stammverletzungen und in wärmeren Anbaugebieten auch an den Wurzeln zu finden. Sie sind aufgrund ihres weißlichen, wachsartigen Überzuges leicht zu erkennen. Werden sie zerdrückt, wird ein roter Saft ausgeschieden, weshalb sie auch ihren Namen Blutlaus erhalten haben.

Ein direkter Gegenspieler sind die Blutlauszehrwespen. Aber auch Ohrwürmer oder Marienkäfer reduzieren die Blutläuse.

In blutlausanfälligen Lagen sollten Apfelunterlagen, wie **MM 106** oder **MM 111** verwendet werden, da sie gegen diese Läuse resistent sind.

Frostspanner

Die Raupen der Frostspanner sind auf allen Obstarten zu finden. Die Fraßschäden an den Blättern, aber auch an den noch kleinen Früchten können bis zum Kahlfraß der Obstbäume führen. Vor allem die Raupen des kleinen Frostspanners sorgen für massive Schäden. Haben sie ihre Entwicklung abgeschlossen, verlassen sie die Obstbäume und verpuppen sich anschließend im Boden.

Um die Eiablage der unbeflügelten Weibchen, die schon ab Oktober erfolgt, zu verhindern, sind um die Oststämme Leimringe anzulegen.

Dadurch kann ein Großteil dieser Schädlinge abgefangen werden. Die Leimringe sind aber immer wieder auf ihre Wirksamkeit zu überprüfen, da das Hinaufwandern der Weibchen bei warmer Witterung bis in den November hinein andauern kann.

Treten trotz dieser Leimringe Schäden im Frühjahr auf den Blättern auf, sind mit einem Mittel auf Basis des *Bacillus thuringiensis* bei einer Tagestemperatur von über 15 °C Behandlungen, je nach Befallsstärke, durchzuführen.

Apfelblütenstecher

Noch bevor sich die Blüten öffnen, sind die Apfelblütenstecher auf den Apfel- und Birnenbäumen zu finden. Diese Käfer legen ihre Eier in die sich öffnenden Knospen ab. Innerhalb von zehn Tagen schlüpfen aus den Eiern die Larven, die dann die Blühorgane und Blütenblätter auffressen. Dadurch öffnen sich die Blüten nicht mehr und verfärben sich braun.

> Bei einem schwächeren Befall durch diese Schädlinge haben sie bei einem reichlichen Blütenansatz sogar eine wünschenswerte, ausdünnende Wirkung.

Da die Käfer in Rindenrissen überwintern, können mit Austriebsspritzungen gute Erfolge erzielt werden.

Apfelsägewespen

Zur Zeit der Blüte und bei warmer Witterung beginnt der Flug der Apfelsägewespen. Die Weibchen legen jeweils ein Ei unter die Kelchblätter ab, nachdem sie einen Schnitt in den Blütenboden gemacht haben. Je nach Witterungsverlauf dauert es dann ein bis zwei Wochen, bis aus den Eiern die Larven schlüpfen. Diese fressen sich dann bis zu den Kerngehäusen der kleinen Früchte durch und schädigen dort die Samenanlagen. Später fallen diese Früchte ab.

Da die Larven der Apfelsägewespen während ihrer Entwicklung mehrere Früchte befallen, können enorme Schäden entstehen. Werden die Kerne nicht angefressen, entwickeln sich die Früchte weiter. Zur Zeit der Ernte sieht man dann die markanten, verkorkten Fraßspuren, die sich vom Kelch über die ganze Frucht ziehen können.

Die Larven befallen mehrere Früchte!

> Da diese Wespenart zur Zeit der Blüte von der weißen Farbe der Blütenblätter angelockt wird, sind mit weißen Leimtafeln gute Fangerfolge zu erziehen.

Eine chemische Bekämpfung hat zur Zeit der abgehenden Blüte zu erfolgen.

Borkenkäfer

Borkenkäfer dringen über unbehandelte Wunden in Obstbäume ein.

Die verschiedenen Arten der Borkenkäfer verursachen auf allen Obstarten Schäden. Vor allem über Verletzungen an Stämmen und Ästen und über unbehandelte Wunden dringen sie in die Obstbäume ein. Deshalb werden sie auch als Sekundärschädlinge bezeichnet.

Das Versorgen der Verletzungen und Wunden mit Wundverstrichmitteln ist eine vorbeugende Maßnahme gegen die Borkenkäfer.

Apfelwickler

Die wohl problematischsten Schädlinge bei den Äpfeln sind die Apfelwickler, die auch an den Birnen Schäden verursachen. Dieser Kleinschmetterling tritt in unseren Breiten mit zwei Generationen pro Jahr auf. Schon Anfang Juni ist bei Nachttemperaturen um 15 °C mit der Eiablage zu rechnen. Aus den Eiern, die einzeln auf die Früchte oder Blätter abgelegt werden, schlüpfen dann die Raupen, die sich ins Innere der Früchte fressen.

Nach dem Reifungsfraß, der vier Wochen dauern kann und fünf Entwicklungsstadien durchläuft, verlassen sie die Früchte, um sich in Rindenrissen oder an anderen geeigneten Stellen zu verpuppen. Ende Juli/Anfang August ist mit der zweiten Generation zu rechnen, die dann wieder Früchte schädigen kann.

Werden im Juni, noch bevor sich die Raupen verpuppen, Wellpappestreifen um die Obstbaumstämme angelegt, wird für die Raupen die Möglichkeit geschaffen, sich dort zu verpuppen. Durch laufende Kontrollen kann ein Teil der Schädlinge abgefangen und so der Befall die zweite Generation reduziert werden.

Mit Pheromonfallen den Flugbeginn und die Intensität feststellen.

Durch Aufhängen von Pheromonfallen (Lockstoff, der die Männchen anlocken soll, die dann auf einer Leimtafel kleben bleiben) ist der Flugbeginn und die Intensität festzustellen, um anschließend mit Insektiziden oder Präparaten, die die Weiterentwicklung dieser Schädlinge unterbinden, zu bekämpfen.

Aber auch tierische Nützlinge wie Ohrwürmer, die die abgelegten Eier fressen, oder Meisen und Spechte, die auf der Suche nach Nahrung die Stämme absuchen, reduzieren den Befall mit der zweiten Generation.

Obstbaumspinnmilben

Die Obstbaumspinnmilben, die ca. 0,5 mm groß sind, schädigen durch ihre Saugtätigkeit vor allem die Unterseite der Blätter. Diese hellen dann deutlich auf. Im Winter findet man die rot gefärbten Eier im Bereich von Knospen oder an der Unterseite von Astgabelungen. Ab Mitte April schlüpfen die Larven. Diese vermehren sich umso schneller, je wärmer und trockener die Witterung ist. Die Larven entwickeln sich zu Männchen und Weibchen, die im Laufe der Vegetationsperiode für mehrere Populationen sorgen.

Noch in der Vegetationsruhe ist mit einem Austriebspritzmittel eine Behandlung durchzuführen.

Raubmilben, die die natürlichen Gegenspieler sind, gibt es auch zu kaufen und wären für eine umweltfreundliche Bekämpfung einzusetzen.

Apfelschorf

Der Apfelschorf gehört zu jenen Krankheiten, die vor allem an Äpfel-, aber auch teilweise an Birnenbäumen Schäden verursachen. Die Schorfpilze überwintern im vorjährigen Laub. Schon mit Beginn des Austriebes kommt es zu den ersten Infektionen. An den jungen Blättern treten zuerst ölige Flecken auf und in weiterer Folge werden auch die Früchte befallen. Die geschädigten Gewebe sterben ab und die Früchte reißen, wenn sie weiter wachsen, auf. Schorfinfektionen gehen bis zum Triebabschluss weiter.

Bei der Bekämpfung sollten vorbeugende Maßnahmen im Vordergrund stehen. So ist das befallene Laub schon im Herbst zu entfernen. Neben der geeigneten Standortwahl ist auch die Sortenfrage zu klären.

Toleranten oder resistenten Sorten ist der Vorzug zu geben, um sich umfangreiche Spritzmaßnahmen zu ersparen.

Mehltau (siehe Abb. Seite 140 oben)

Weißlich überzogene Triebspitzen deuten auf einen Mehltaubefall hin. Die sich entwickelnden Blätter und auch die Blüten werden befallen. Die Mehltausporen überwintern an den Knospen und lösen beim Austrieb bereits erste Infektionen aus. Durch strenge Winterfröste können die Knospen, in denen sich die Sporen entwickeln, absterben.

Entscheidend für eine stärkere Infektion sind Temperaturen von 15–25 °C. Eine höhere Luftfeuchtigkeit fördert auch die Sporenentwicklung.

> Da die Pflanzenschutzmaßnahmen, wie bei der Schorfbekämpfung, sehr aufwändig sind, ist bei der Auswahl der Sorten auf Mehltau tolerante, resistente oder zumindest weniger anfällige zurückzugreifen.

Fruchtfäulnis

Fruchtfäulnis kann während der Vegetation, aber auch bei der Lagerung auftreten. Die Sporen dieses Pilzes dringen über Wunden, die durch Insekten oder Hagel verursacht werden oder über die Lentizellen in die Früchte ein. Da sie in Fruchtmumien auf den Bäumen, im Fallobst oder auch an den Trieben überwintern, stehen pflanzenhygienische Maßnahmen, wie Entfernen der faulen Früchte sowie das Wegschneiden befallener Triebe und Zweige, im Vordergrund.

> Früchte für die Lagerung dürfen nicht feucht geerntet werden. Auch Verletzungen bei der Ernte, wie das Herausreißen des Stieles oder Wunden durch Fingernägel sind zu vermeiden.

Feuerbrand

Bei Feuerbrand handelt es sich um eine Bakterienkrankheit, die neben dem Kernobst auch Ziergehölze befällt. Er ist schwer zu bekämpfen und hoch infektiös. Übertragen wird der Feuerbrand mit Schnittwerkzeugen, dem Arbeitsgewand, durch Vögel, Insekten sowie durch Wind und Regen.

Schon mit Beginn der Blüte kommt es zu den ersten Infektionen an den Blüten und Blättern. Diese verfärben sich braun und später schwarz. In weiterer Folge tritt Bakterienschleim aus. Unter der Rinde verfärbt sich das Holz rotbraun. Erst wenn die Vegetation zu Ende geht, kommt die Ausbreitung zum Stillstand.

> Beim Auftreten der ersten Symptome sind die zuständigen Stellen zu informieren. Befallene Äste und Triebe sind bis in das gesunde Holz zurückzuschneiden und zu verbrennen. Schnittwerkzeuge sind mit einer Alkohollösung zu reinigen oder mit einer Lötlampe abzuflammen. Schuhe und die Arbeitskleidung sind ebenfalls einer Reinigung zu unterziehen

Birnen

Birnenpockenmilben

Bei den Birnenpockenmilben handelt es sich um mikroskopisch kleine Tiere, die in Knospenschuppen überwintern. Mit Beginn des Austriebes werden sie aktiv. Sie beginnen an den Blättern zu saugen und legen dort auch ihre Eier ab. Die ersten Schäden entstehen an den Blattunterseiten. Die Pocken sind dann ein typisches Zeichen für einen Befall. In weiterer Folge werden Gallen gebildet, in denen die Vermehrung erfolgt. Zu diesem Zeitpunkt ist eine Bekämpfung schon nicht mehr möglich.

Schon in der Winterruhe, spätestens allerdings beim Austrieb sind Schwefelspritzungen vorzunehmen.

Birnblattsauger

Durch die Saugtätigkeit der Birnblattsauger werden schon zur Zeit des Austriebes Blätter und auch Blüten geschädigt. Vor allem an den jungen Birnenbäumen wird dadurch das Triebwachstum deutlich gebremst. Bis zu drei Generationen können sich im Laufe des Vegetationsjahres entwickeln. Durch ihre Honigtauausscheidungen werden die Früchte, Blätter und Triebe klebrig und durch die Russtaupilze, die sich dort ansiedeln, auch die Früchte schwarz und unahnsehnlich.

Einziger natürlicher Gegenspieler sind die Blumenwanzen. Treten massive Schäden auf, ist ein Nützlinge schonendes Insektizid gezielt einzusetzen.

Birnengallmücken

Bei den Birnen sind in den letzten Jahren die Birnengallmücken verstärkt aufgetreten. Die Weibchen dieser Mückenart legen oft bis zu 30 Eier in eine einzige Blüte ab. Sind nach einigen Tagen die Larven geschlüpft, entwickeln sie sich im Inneren der kleinen Früchte.

Die Larven entwickeln sich im Inneren der kleinen Früchte.

Diese werden dann schwarz und fallen später auf den Boden. Die Schädlinge spinnen sich darin in einen Kokon ein und überwintern so im Boden.

Eine chemische Bekämpfung ist schon knapp vor der Blüte durchzuführen.

Birnengitterrost

Bei feuchter Witterung sind die ersten Sporenlager des Birnengitterrostes Mitte Juni an den Blattunterseiten sichtbar. Im Sommer entwickeln sich dann die Sporenlager, die im Herbst auf die Wacholdergewächse wechseln, um dort zu überwintern. Deshalb spricht man auch von einem Wirt wechselnden Rostpilz.

Die beste Bekämpfungsstrategie wäre das Roden der Wacholdergewächse, wodurch die Entwicklungskette unterbrochen wäre.

Bei einer chemischen Bekämpfung ist schon ab Mitte Mai, vor allem bei feuchter Witterung, ein Fungizid einzusetzen.

Zwetschken und Pflaumen

Blattläuse

Blattläuse treten schon sehr früh auf. Mit Beginn des Austriebes findet man bereits die ersten Kolonien. In der Folge kommt es zu Blattrandkräuselungen, die das Wachstum deutlich hemmen. Andere Arten sorgen aufgrund ihrer Saugtätigkeit für einen verfrühten Blattfall. Die Honigtauausscheidungen der Blattläuse verursachen zusätzlich klebrige Blätter, auf denen sich Russtaupilze ungehindert entwickeln können.

Neben tierischen Nützlingen, wie Blattwanzen, Marienkäfer oder Florfliegen, die die Blattläuse fressen, können durch Austriebsspritzungen die an den Obstbäumen überwinternden Blattlausarten bekämpft werden.

Blattläuse sind bei dieser Obstart auch deshalb so problematisch, weil sie Überträger der Scharkavirose sind.

Pflaumensägewespen

Durch die intensiv weiße Farbe der Blüten werden die Pflaumensägewespen angelockt. Die Weibchen legen ein Ei in den Blütenboden und nach dem Schlüpfen fressen sich die Larven in die kleinen Früchte. Da sie während ihrer Entwicklung mehrere Früchte schädigen, kann es sogar zu Totalausfällen kommen. Wenn sie erwachsen sind, fallen sie zu Boden und überwintern dort in einem Kokon.

Typische Schäden sind schwarze Löcher an den Früchten.

Mit weißen Leimtafeln sind befallshemmende Wirkungen zu erzielen.

Chemische Maßnahmen müssen schon zur Zeit der abgehenden Blüte durchgeführt werden.

Pflaumenwickler

In warmen Anbaugebieten verursachen die Pflaumenwickler massive Schäden. Wie beim Apfelwickler ist auch hier mit zwei Generationen zu rechnen. Schon Ende Mai werden von den Weibchen die ersten Eier abgelegt. Nach dem Schlüpfen ernähren sich die Raupen von dem Fruchtfleisch. Geschädigte Früchte färben sich frühzeitig blau und fallen zu Boden, wo sie dann ihr letztes Entwicklungsstadium durchlaufen.

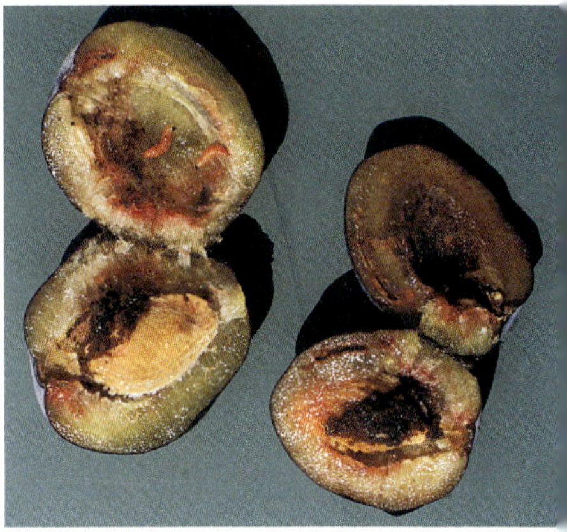

Anschließend verstecken sie sich hinter Rindenschuppen oder -rissen in einem Kokon, um einige Wochen später wieder auf die Früchte zu fliegen und die Eier der zweiten Generation dort abzulegen. Durch Pheromonfallen kann der Flugbeginn und die Flugintensität dieser Kleinschmetterlinge festgestellt werden.

Insektizide oder Entwicklungshemmer sind erfolgreiche Bekämpfungsmöglichkeiten. Abgefallene Früchte der ersten Generation sollten möglichst rasch eingesammelt werden, da sich in ihnen noch die Raupen befinden können.

Scharkavirose

Die Schakavirose stellt bei den Zwetschken und Pflaumen ein großes Problem dar. Daneben werden auch noch Marillen, Pfirsiche und Nektarinen geschädigt. Diese Viruserkrankung kann nur durch Rodung der befallenen Bäume bekämpft werden. Vorbeugend haben nur Spritzungen gegen die Blattläuse, die durch ihre Saugtätigkeit die Viren übertragen, einen Sinn.

Typische Schäden sind hellgrüne ringförmige Flecken an den Blättern. An den Früchten kommt es zu pockenartigen Einsenkungen der Fruchthaut. Bei einem starken Befall verfärbt sich das Fruchtfleisch rötlich und wird gummiartig. Markant ist auch ein frühzeitiger Fruchtfall.

Nur über virusfreies Material sind gesunde Obstbäume zu kultivieren. Heute gibt es bereits Sorten, die virusresistent sind bzw. eine hohe Toleranz gegenüber dieser Krankheit aufweisen.

Narrentaschenkrankheit

Massive Ertragseinbußen bei den Zwetschken kann die Narrentaschenkrankheit verursachen. Schon zur Zeit der Blüte kommt es bei kühlen und feuchten Witterungsbedingungen zu Infektionen. Einige Wochen danach findet man auf den Bäumen und später auf dem Boden Früchte, die zuerst weiß und später braun werden und eine schotenartige Form aufweisen. Die Oberfläche ist runzelig, gelblich-grau und später braun gefärbt.

Das Einsammeln der abgefallenen Früchte ist zu diesem Zeitpunkt die einzige und auch sinnvolle pflanzenhygienische Maßnahme. Fungizidspritzungen führen nur während der Blüte zu dem gewünschten Erfolg.

Zwetschkenrost

Schon Ende Mai, Anfang Juni kommt es bei feuchter Witterung zur Infektion durch den Zwetschkenrost. Die ersten gelb gefärbten Sporenlager findet man an der Unterseite der Blätter. Durch fortlaufende Neuinfektionen breitet sich diese Krankheit rasch aus. Bei einem frühen Befall besteht die Gefahr, dass schon im August die Zwetschkenbäume ihre Blätter verlieren. Dadurch ist nicht nur die Ausreifung der späteren Sorten gefährdet, sondern auch die Blütenentwicklung.

Die Hauptinfektionsquelle sind die abgefallenen Blätter, in denen die Sporen überwintern und im nächsten Jahr wieder für einen Befall sorgen.

Infektionen können aber auch über Anemonengewächse erfolgen. Durch Entfernen dieser Pflanzen kann aber diese Pilzkrankheit nicht bekämpft werden.

Bei feucht-kühler Witterung sind ab Mitte Juni Fungizidspritzungen notwendig.

Marillen

Borkenkäfer

Ein Befall durch verschiedene Borkenkäferarten erfolgt über Verletzungen und über nicht behandelte Wunden.

Durch eine sachgemäße Baumpflege können diese Schädlinge kaum mehr in die Obstbäume eindringen.

Blattläuse

Blattläuse sind Überträger von Krankheiten.

Blattläuse befallen die Marillenbäume eher selten. Sie sind aber durch ihre Saugtätigkeit Überträger von Krankheiten. Vor allem die Scharkavirose und das chlorotische Blattrollen der Marille sind hier in erster Linie zu nennen.

Scharkavirose

Die Infektion bei Scharka verläuft auf die gleiche Weise, wie bei den Zwetschken und Pflaumen (auf S. 143 beschrieben).

Chlorotisches Blattrollen

Das chlorotische Blattrollen der Marille hat sich bereits weltweit ausgebreitet. Typische Symptome dieser Phytoplasmose sind die tütenförmig eingedrehten Blätter, ein schwächerer Wuchs und minderwertigere Früchte. Auch der Blattfall setzt verfrüht ein. In weiterer Folge sterben die Bäume ab.

Eine genaue Feststellung dieser Krankheit ist nur über Laboruntersuchungen möglich.

Sind die Bäume einmal befallen, können sie nur mehr gerodet werden.

Blüten- und Triebspitzenmonilia

Marillen und auch die Sauerkirschen werden verstärkt von der Blüten- und Triebspitzenmonilia befallen. Bei feuchter Witterung können massive Schäden an den Blühorganen und an den Zweigen entstehen, da der Pilz auch in das Holz eindringt. Ein typisches Zeichen für einen Befall ist ein Harzaustritt am Übergang vom gesunden zum geschädigten Trieb.

Wegschneiden der befallenen Triebstücke sowie das Entfernen der Fruchtmumien im Herbst sind notwendig, da sie die Infektionsquellen für das nächste Jahr sind.

Apoplexie

Die Apoplexie, auch Schlagtreffen der Marillenbäume genannt, hat mehrere Ursachen. Schon bei der Standortwahl sollten Spätfrostlagen, schwere und kalte Böden, aber auch solche mit einem hohen Grundwasserstand gemieden werden. Ungeeignete Unterlagen führen zu Affinitätsproblemen. Auch jährlich auftretende Krankheiten und Ernährungsfehler können Ursache für das Schlagtreffen sein.

Unsachgemäße Schnittarbeiten führen ebenfalls zur Apoplexie.

Süß- und Sauerkirschen

Schwarze Kirschenläuse

Schäden an den Triebspitzen der Kirschenbäume werden von den Schwarzen Kirschenläusen verursacht. Neben ihrer Saugtätigkeit an den Blättern scheiden sie auch Honigtau aus, der die Früchte klebrig und damit ungenießbar macht.

Sind nur einige Triebspitzen befallen, können die Blattläuse durch Wegschneiden der befallenen Teile bekämpft werden.

Bei einem starken Befall sollte aber unbedingt eine Behandlung mit einem Insektizid erfolgen.

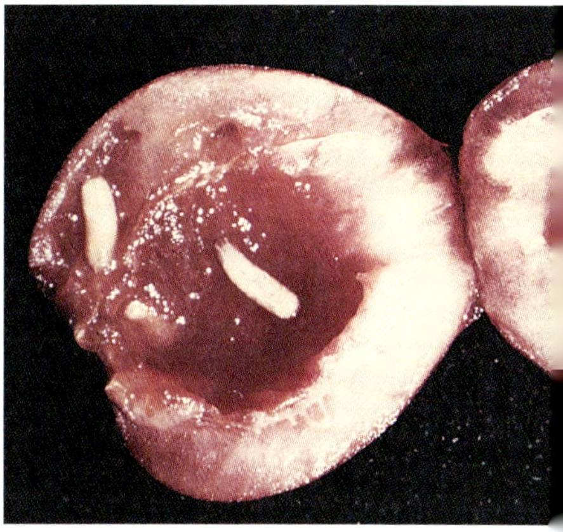

Kirschfruchtfliegen

Die wohl unangenehmsten Schädlinge bei dieser Obstart sind die Maden der Kirschfruchtfliegen in den Früchten. Nur die Frühsorten werden noch vor dem Schlüpfen der Maden reif. In den Kirschensorten, die ab der dritten Kirschenwoche reifen, findet man dann kleine, kaum sichtbare Maden. Einige Tage später, wenn sie ihre Entwicklung abgeschlossen haben, sind die Früchte weder für den Frischverzehr noch für die Verarbeitung geeignet.

Durch das Aufhängen von Gelbtafeln an der Südseite der Kirschenbäume ab dem 20. Mai können der Flugbeginn und die Flugintensität und somit auch der Zeitpunkt der Eiablage bestimmt werden. Die Eier werden unter die Haut abgelegt, wenn die Farbe der Früchte von Grün auf Gelb umschlägt.

Da selbst mehrere Gelbtafeln pro Kirschenbaum für eine Bekämpfung nicht ausreichen, ist mit einer gezielten Insektizidspritzung gegen diese Schädlinge vorzugehen.

Sprühfleckenkrankheit

Bei feuchter Witterung können im Juni schon die ersten Schäden durch die Sprühfleckenkrankheit auftreten. Auf der Blattoberseite treten dabei rundliche, braun bis violett gefärbte Flecken auf. In weiterer Folge vergilben die Blätter und fallen ab. In niederschlagsreichen Jahren sind Neuinfektionen bis in den August möglich.

Bei einem frühen Befall und frühzeitigem Blattverlust reifen die Früchte nicht mehr aus.

Auch die geschädigten Triebe verholzen schlecht und frieren im Winter ab. Ebenso ist die Entwicklung der Blütenknospen gefährdet.

Tritt diese Pilzkrankheit jährlich auf, wird die Vitalität der Süß- und Sauerkirschenbäume beeinträchtigt.

Vorbeugende Maßnahmen gegen diese Pilzkrankheit wären das Entfernen des befallenen Laubes und das Wegschneiden der geschädigten Triebe.

Durch gezielte Fungizidbehandlungen ab der zweiten Maihälfte kann die Sprühfleckenkrankheit ebenfalls erfolgreich bekämpft werden.

Schrotschusskrankheit

Feuchte Kulturbedingungen im Frühjahr ermöglichen die Ausbreitung der Schrotschusskrankheit. Schon bald nach dem Austrieb treten rote Flecken auf den Blättern auf, die sich dann vergrößern. Das Blattgewebe stirbt ab und bricht heraus. Deshalb auch die Bezeichnung „Schrotschuss". An den Früchten findet man eingesunkene Stellen, die Früchte verkrüppeln dann und vertrocknen.

Auch an den Trieben kommt es zum Austritt von Gummi.

Tritt diese Pilzkrankheit jährlich auf, können Äste aber auch komplette Kirschbäume absterben.

Durch Spritzungen, die schon zur Zeit des Austriebes beginnen müssen, sind Infektionen zu vermeiden.

Blüten- und Zweigmonilia

Bei der Blüten- und Zweigmonilia, die verstärkt die Sauerkirschen befällt, sind bei Neupflanzungen Sorten zu verwenden, die gegen diese Pilzkrankheit widerstandsfähig sind.

Die Sorten Morina, Karneol oder die Bastardkirsche Königin Hortensie werden weniger stark befallen und sind deshalb zu empfehlen.

Platzen der Früchte

Das Platzen der Kirschen wird durch die Feuchtigkeit verursacht. Wasser dringt über die Haut in die Früchte ein und reißt die Haut dann auf. Je größer die Früchte sind, umso leichter platzen sie auf und beginnen zu faulen. Festfleischige Sorten sind in der Regel platzempfindlicher.

Pfirsiche und Nektarinen

Blattläuse

Die Blattläuse verursachen durch ihre Saugtätigkeit auch bei dieser Obstart starke Blattkräuselungen. Sie sind auch der Überträger der Scharkavirose.

Beim Auftreten der ersten Blattlauskolonien sind die befallenen Triebe wegzuschneiden oder biologische bzw. synthetische Insektizide zu ihrer Bekämpfung einzusetzen.

Kräuselkrankheit

Die ersten Symptome, die auf einen Befall durch die Kräuselkrankheit hinweisen, sind rötlich verfärbte Blätter mit fleischigen Auftreibungen. In den folgenden Wochen vertrocknen die Blätter und fallen ab. Bei einem stärkeren Blattverlust werden auch die Früchte abgeworfen.

Schon im Juni sind die Sporen auf den Knospen und Trieben wieder zu finden, die im folgenden Jahr erneut Infektionen verursachen. Diese können bereits im Februar erfolgen, wenn sich die Knospenschuppen nach einer wärmeren Witterung öffnen.

Durch prophylaktische Kupferspritzung in der Winterruhe ist diese Pilzkrankheit leicht zu bekämpfen.

Wer knapp vor oder nach Beendigung einer Regenperiode ein Kupferpräparat applizieren kann, verhindert auf diese Weise ebenfalls Infektionen.

Stachelbeeren

Stachelbeerblattwespen

Die Stachelbeerblattwespen befallen in erster Linie die Stachelbeeren. Sie sind aber auch an den Roten und Weißen Johannisbeeren zu finden. Es gibt davon zwei Arten. Die Larven der gelben und der schwarzen Stachelbeerwespen, die ausgewachsen ca. 12 bzw. 18 mm lang sind, fressen im Laufe ihrer Entwicklung die Sträucher komplett kahl. Als besonders problematisch sind sie auch deshalb anzusehen, weil sie innerhalb einer Vegetationsperiode mit drei, manchmal sogar mit vier Generationen auftreten können.

Stachelbeerblattwespen sind auch auf weißen und roten Johannisbeeren zu finden.

Durch Abklauben der Schädlinge kann man zwar die Populationen reduzieren, aber nicht erfolgreich bekämpfen.

Wird gegen die erste Generation ein Insektizid eingesetzt, sind weitere pflanzenschutzmäßige Arbeiten meist nicht mehr nötig.

Amerikanischer Stachelbeermehltau

Der amerikanische Stachelbeermehltau ist eine Pilzkrankheit, die Triebe und auch Früchte massiv schädigt. Auch Schwarze Johannisbeeren können befallen werden. Eine Bekämpfung ist sehr problematisch. Das Mycel dieses Pilzes überwintert nämlich in den Knospen. Bei anfälligen Sorten treten schon beim Austrieb die ersten Schäden auf, die mit Fungiziden in einer engen Spritzfolge zu bekämpfen sind. Durch neue Züchtungen ist es gelungen, tolerante Sorten zu züchten, so dass man bei Neuauspflanzungen auf diese zurückgreifen sollte.

Johannisbeeren

Johannisbeerblasenlaus

Die Johannisbeerblasenlaus ist in den Hausgärten weit verbreitet. Diese Blattlausart verursacht an den Blättern blasenförmig und wellig geformte Erhebungen, die rot gefärbt sind. Bei einem starken Befall ist auch die Triebkraft deutlich reduziert.

Die Läuse überwintern an den Sträuchern. Nach dem Austrieb besiedeln sie die Blattunterseite. Über den Sommer verlassen sie ihren Wirt, auf den sie im Laufe des Herbstes zurückkehren, um dort ihre Eier abzulegen.

Noch in der Zeit der Winterruhe kann mit einem Austriebspritzmittel eine Behandlung erfolgen. Je nach Befallsdruck ist nach dem Austrieb ein biologisches oder synthetisches Präparat gegen die Blattläuse einzusetzen.

Aber auch Nützlinge, wie z. B. Florfliegen oder Marienkäfer, sind bei der Bekämpfung sehr wertvolle Helfer und nicht zu unterschätzen.

Johannisbeergallmilben

Die Johannisbeergallmilben verursachen vor allem auf den Schwarzen Johannisbeeren stärkere Schäden. Die Knospen, in denen die Milben überwintern und sich im Frühjahr dort vermehren, treiben zwar aus, bleiben dann aber in ihrer Entwicklung stecken. In weiterer Folge vertrocknen sie und brechen aus. Sobald sich neue Knospen bilden, werden diese von den Milben besiedelt. Auch auf den Blättern treten Schäden auf.

Befallene Knospen vertrocknen und brechen aus.

Bei der Bekämpfung stehen pflanzenbauliche Maßnahmen im Vordergrund.

Die mit den runden Knospen befallenen Triebe sind wegzuschneiden und zu vernichten. Bei Neupflanzungen sollten weniger anfällige Sorten eingesetzt werden.

Johannisbeerglasflügler

Die Johannisbeerglasflügler schädigen nicht nur die Johannis-, sondern auch die Stachelbeeren. Die Weibchen dieser Falter legen ihre Eier von Anfang Juni bis Mitte Juli in der Nähe von Knospen ab. Nach dem Schlüpfen bohren sie sich in die Triebe und fressen das Mark. Als Puppe überwintern sie auch dort.

Befallene Triebe haben ein welkes Aussehen. Sie sind dann komplett herauszuschneiden und zu vernichten.

Säulenrost

Der Säulenrost ist vor allem auf den Schwarzen Johannisbeeren zu finden. Aber auch an den Stachelbeeren können Schäden auftreten. Die ersten Befallssymptome findet man im Juni an der Blattunterseite in Form von gelben Pusteln. Bei einer ungehinderten Ausbreitung dieser Krankheit kann es schon im August zu Blattverlusten kommen.

Säulenrost kann auch bei Stachelbeeren auftreten.

Da diese Pilzkrankheit einen Zwischenwirt, nämlich die Weymouthskiefer, für seine Entwicklung benötigt, sollten Schwarze Johannisbeeren nicht in der Nähe dieser Bäume gepflanzt oder diese Kiefern gerodet werden.

Ein Fungizid ist spätestens beim Auftreten der ersten Symptome anzuwenden. Bei weiteren Behandlungen ist darauf zu achten, dass die Wartefristen eingehalten werden.

Rotpustelkrankheit

Die Rotpustelkrankheit befällt vor allem das Beerenobst. Die Sporen dringen über Wunden oder Verletzungen in die Triebe ein, infizieren das Holz und schwächen so die Wuchskraft der Sträucher. Die geschädigten Triebe sollten dann herausgeschnitten werden.

Um einen Befall zu verhindern, sind nach Schnittarbeiten die Wunden und entstandenen Verletzungen mit Baumwachs oder einem anderen Präparat (künstliche Rinde) zu verstreichen, damit die Sporen nicht eindringen können.

Verrieseln

Ursachen für das Verrieseln sind physiologisch bedingt. Bei feucht-kühler Witterung während der Blüte ist die Befruchtung oft mangelhaft. Weiters besteht bei Minusgraden in den frühen Morgenstunden die Gefahr, dass die weiblichen Blühorgane erfrieren. Aber auch bei nicht ausgelichteten Sträuchern, die hauptsächlich aus altem Fruchtholz bestehen, kann es zu einer unbefriedigenden Befruchtung kommen.

Chlorose

Die Chlorose, auch als Gelbsucht bezeichnet, wird durch einen zu hohen Kalkgehalt des Bodens verursacht. Durch Eisendünger, die in den Boden eingearbeitet werden, ist diese Mangelkrankheit zu beseitigen.

Brombeeren

Brombeergallmilben

Die Ranken im Herbst stark zurückschneiden!

Die Brombeergallmilben schädigen durch ihre Saugtätigkeit die Früchte. Knapp vor Erntebeginn reifen die Beeren dann nicht mehr aus. Sie bleiben partiell rot, wodurch die Früchte ungenießbar werden. Da die Gallmilben in den befallenen Beeren oder unter Knospenschuppen überwintern, sind die Brombeerranken im Herbst stark zurückzuschneiden und sämtliche geschädigten Früchte zu ernten und zu vernichten, damit ein Befall, der während der Blüte erfolgt, verhindert wird.

Schon beim Austrieb der Brombeeren und wenn die Seitentriebe einige Zentimeter lang sind, sollten Behandlungen mit Schwefel durchgeführt werden.

Brombeerrost

Feucht-warme Witterung ist eine optimale Bedingung für den Brombeerrost. Typische Merkmale sind gelbe, später schwarzbraune Sporenlager auf der Blattunterseite. Auf der Oberseite treten rostbraune Flecken auf. Noch bevor die Beeren reifen, fallen schon die geschädigten Blätter ab, wodurch die Ausreifung der Früchte sehr mangelhaft oder überhaupt nicht mehr möglich ist.

Brombeerrost liebt freucht-warme Witterung.

Als Bekämpfungsmaßnahme sind die abgefallenen Blätter im Herbst zu beseitigen.

Tritt die Krankheit jährlich auf, müssen schon die jungen Blätter mit einem Fungizid bespritzt werden, um Infektionen zu vermeiden.

Brombeerrankenkrankheit

Sichtbare Schäden durch die Brombeerrankenkrankheit treten im Sommer an den jungen Ranken auf. Da diese erst im nächsten Jahr blühen und Früchte tragen, kann es dann zu Ernteausfällen kommen. Die erst kleinen, kaum sichtbaren Flecken breiten sich aber weiter aus und zeigen eine rötliche Verfärbung.

Im Frühjahr es kommt durch den Befall zu Assimilationsstörungen, die die Entwicklung der Blätter, Blüten und später der kleinen Früchte stören. Nach einigen Wochen sterben die Triebe sogar ab.

Durch Assimilationsstörung wird die Entwicklung der Blätter, Blüten und Früchte gestört.

Geschädigte Ranken sind schon beim Feststellen des Befalles komplett herauszuschneiden.

2–3 Spritzungen mit einem Kupferpräparat ab April in ca. vierwöchigen Abständen verhindern eine weitere Ausbreitung dieser Krankheit.

Weintrauben

Traubenwickler

Sind in den jungen Gescheinen zarte Spinnfäden sichtbar, sind das Anzeichen für einen Befall durch die erste Generation des Traubenwicklers, auch Heuwurm genannt. Im Sommer schädigt dann die zweite Generation die Beeren. Hier spricht man dann auch von einem Sauerwurmbefall. Während die Schäden im Frühjahr sich meistens in Grenzen halten, kann bei einem Massenauftreten des Sauerwurms die ganze Ernte vernichtet werden.

Im Sommer verursacht die zweite Generation beträchtlichen Schaden.

Bei der Bekämpfung mittels Pheromonfallen sind der Flugbeginn und die Flugintensität dieses Kleinschmetterlings festzustellen.

Zur Verfügung stehen dann biologische oder synthetische Präparate oder Mittel, die als Entwicklungshemmer eingesetzt werden.

Echter Mehltau

Auch Triebe und Beeren werden befallen!

Der Echte Mehltau *(Oidium)* kann bereits mit Beginn des Austriebes Infektionen verursachen. Ein mehlig-staubförmiger Überzug auf den Blättern, der sich sogar abwischen lässt, ist ein typisches Befallssymptom. Neben den Blättern werden auch die Beeren und die Triebe befallen. Bei einem verstärkten Auftreten ist mit deutlichen Ertragsverlusten zu rechnen. Bei einem Befall im Frühjahr wachsen die Beeren nicht mehr weiter und trocknen ab. Im Sommer platzen die größeren Beeren.

> Da der Mehltaupilz in den Knospen überwintert, sollte schon zur Zeit des Austriebes eine Bekämpfung mit Schwefel erfolgen.

Im Laufe der Vegetation sind neben Schwefel auch andere synthetische Fungizide einzusetzen.

Falscher Mehltau

Bei Befall der Beeren ist mit Qualitätseinbußen zu rechnen.

Wenn an den Weinblättern ölig durchscheinende Flecken auf der Blattoberseite und ein weißer Pilzrasen an der Unterseite zu sehen sind, sind das Befallssymptome des Falschen Mehltaus, auch *Peronospora* genannt. Da auch die Beeren befallen werden, ist mit Qualitätseinbußen zu rechnen.

Vor allem warme Witterung in Verbindung mit Regen fördert die Infektionen. Die ersten Schäden können schon nach dem Austrieb auftreten.

> Wichtig für eine vorbeugende Bekämpfung ist die Beseitigung des befallenen Laubes, da die Pilzsporen sich dort entwickeln und nach ihrer Keimung bei Infektionsbedingungen die Blätter und Gescheine befallen.

Fungizidbehandlungen mit Kupferpräparaten oder synthetischen Mitteln müssen vorbeugend durchgeführt werden.

Grauschimmel

Fäulnis an den Traubenstielen und Beeren

Bei einem Befall durch den Grauschimmel kommt es an den Traubenstielen und Beeren zu Faulstellen. Von einer Beere ausgehend werden die benachbarten befallen. Es bildet sich dann ein mausgrauer Schimmelüberzug.

Die Bekämpfungsmaßnahmen dieser Pilzkrankheit sind schwierig.

> In erster Linie sollten Wundstellen, wie sie der Traubenwickler verursachen kann, vermieden werden.

Fungizide können zumindest beim Auftreten der ersten Befallsstellen die weitere Ausbreitung des Grauschimmels eindämmen.

Literatur-verzeichnis

Alford, D.-V.: Farbatlas der Obstschädlinge – Erkennung, Lebensweise und Bekämpfung, übersetzt von Steiner, H., Ferdinand Enke Verlag, Stuttgart 1987

Beccaletto, J., und Retournard, D.: Obstgehölze erziehen und formieren, Verlag Eugen Ulmer, Stuttgart 2007

Duhan, K.: Die wertvollsten Obstsorten – Steinobst I, Verlag Georg Fromme u. Co, Wien 1959

Fischer, M.: Farbatlas Obstsorten, 2. stark überarbeitete Auflage, Eugen Ulmer Verlag, Stuttgart 2003

Friedrich, G., und Petzhold, H.: Handbuch Obstsorten, Eugen Ulmer Verlag, Stuttgart 2005

Großmann, G., und Wackwitz, W.-D.: Spalierobst, 2. Auflage, Eugen Ulmer Verlag, Stuttgart 2005

Hartmann, W.: Farbatlas alter Obstsorten, 2. stark überarbeitete Auflage, Eugen Ulmer Verlag, Stuttgart 2003

de Haas, P.-G.: Naturgemäßer Obstbaumschnitt, 2. Auflage, BLV-Verlags-gesellschaft mbH München, München 1973

Joyce, D.: Das Große Buch vom Pflanzenschneiden (englischer Originaltitel: „Pruning and Training Plants", Mitchell Beazley Publishers, London 1991), Deutsche Übersetzung Urania Verlag (Verlagsgruppe Dornier), Augsburg

Jakubik, U.: Obstbäume schneiden, Verlag Eugen Ulmer KG, Stuttgart 2005

Kreuzer, J.: Kreuzers Gartenlexikon „Kurz und bündig", Band 3, Gartenbuchverlag, Tittmoning/Obb. 1985

Löschnig, J., und Passecker, F.: Die Marille (Aprikose) und ihre Kultur, Österreichischer Agrarverlag, Wien 1954

Lucas, F.: Christ – Lucas Gartenbuch, 19. Auflage, Verlagsbuchhandlung Eugen Ulmer 1916

Lütkens, R., und Brickell, Ch. (Hrsg.): Das große Ravensburger Gartenbuch, Otto Maier Verlag, Ravensburg 1985

Muster, G., Strobel, U., Weißmann, K., und Gerlach, H.-K.: Sortenbeschreibungen Beerenobst, Staatliche Lehr- und Versuchsanstalt für Wein- und Obstbau Weinsberg, Weinsberg 2004

Pelzmann, H.: Kiwi-Kultur, Leopold Stocker Verlag, Graz 1987

Scherer, W.: Schäden an Johannisbeeren und Stachelbeeren erkennen, bestimmen – richtig behandeln, Pröll Druck und Verlag, Augsburg 1989

Schipper, A.: Erfolgreicher Formobstbau, Gartenbauverlag Trowitzsch und Sohn, Frankfurt/Oder 1940

Schulz, B., und Großmann, G.: Obstgehölze erziehen und schneiden, Verlag Eugen Ulmer, Stuttgart 2002

Sorge, P.: Beerenobstsorten, 2. durchgesehene Auflage, J. Neumann – Neudamm GmbH und Co KG, Melsungen 1991

Störtzer, M., Wolfram B., Schuricht, W., und Männel, R.: Steinobst, Neumann Verlag GmbH, Rodebeul 1992

Vukovits, G.: Obstkrankheiten – Erkennung, Ursachen und Bekämpfung, Teil II Kernobst, Leopold Stocker Verlag, Graz 1980

Vukovits, G.: Obstkrankheiten – Erkennung, Ursachen und Bekämpfung, Teil III Steinobst, Leopold Stocker Verlag, Graz 1980

Vukovits, G.: Obstkrankheiten – Erkennung, Ursachen und Bekämpfung, Teil IV Beerenobst, Leopold Stocker Verlag, Graz 1980

Wesselhöft, J.: Der Garten des Bürgers und Landmannes, 5. Auflage, Verlag Beyer und Söhne, Langensalza 1903

Zech, J.: Der Obstgarten, Falken-Verlag GmbH, Niederhausen 1980

Aus unserem Programm

ISBN 978-3-7020-1470-4

ISBN 978-3-7020-1650-0

ISBN 978-3-7020-1263-2

ISBN 978-3-7020-1671-5

Leopold Stocker Verlag

Graz – Stuttgart
www.stocker-verlag.com

Aus unserem Programm

ISBN 978-3-7020-1670-8

ISBN 978-3-7020-1935-8

ISBN 978-3-7020-1922-8

ISBN 978-3-7020-1432-2

Leopold Stocker Verlag

Graz – Stuttgart
www.stocker-verlag.com